U0221305

中国水稻种植农户土地经营规模与绩效研究

刘 强 著

ZHEJIANG UNIVERSITY PRESS
浙江大学出版社

图书在版编目（CIP）数据

中国水稻种植农户土地经营规模与绩效研究 / 刘强著. —
杭州 ： 浙江大学出版社，2021.12
　ISBN 978-7-308-22111-5

　Ⅰ．①中… Ⅱ．①刘… Ⅲ．①农户－水稻栽培－土地经营－
规模效益－研究－中国 Ⅳ．①S511②F326.11

中国版本图书馆CIP数据核字（2021）第256227号

中国水稻种植农户土地经营规模与绩效研究
刘　强　著

责任编辑	陈静毅	
责任校对	胡岑晔	
封面设计	春天书装	
出版发行	浙江大学出版社	
	（杭州市天目山路148号　　邮政编码　310007）	
	（网址：http://www.zjupress.com）	
排　　版	杭州林智广告有限公司	
印　　刷	广东虎彩云印刷有限公司绍兴分公司	
开　　本	710mm×1000mm　1/16	
印　　张	10.5	
字　　数	167千	
版 印 次	2021年12月第1版　2021年12月第1次印刷	
书　　号	ISBN 978-7-308-22111-5	
定　　价	42.00元	

前　言

改革开放后，我国确立了以家庭联产承包责任制为基础的农村基本经营制度，奠定了家庭经营的基本格局。20 世纪 80 年代初期，这种经营制度在促进农业生产发展、保障国家粮食供给和提高农民收入方面发挥了重要作用。然而，随着我国工业化、城镇化水平不断提高，传统家庭经营规模小、经营分散的弊端逐渐显现，成为阻碍农业现代化的重要因素。为此，以 1984 年中央一号文件和 1988 年的宪法修正案为起点，以适度规模、主体培育、土地流转、土地整理、权属调整、农业服务等为主要内容，我国开展了长达 30 多年的土地规模经营的探索。

增加粮食产量以确保粮食安全、提高农业效益以增加农民收入是土地规模经营的两大政策目标，然而关于规模经营的增产效应和增收效应，学术研究争议较大。随着我国经济进入新常态，土地规模经营也出现了诸多新情况，凸显了在转型期进行深入研究的必要性。水稻是我国重要的粮食作物，水稻生产的土地细碎化、分散化经营特征明显，因而在转型期深入研究水稻种植农户土地经营规模并对规模绩效做出评价，对于推进土地规模经营、保障国家粮食安全、提高农民收入都具有重要意义。

本书首先对美国、法国和日本等世界典型农业发达国家土地规模经营的发展现状与发展趋势进行了归纳总结，对土地规模经营的一般趋势进行了判断。接着，以农民分化、农业生产性服务发展和农业供给侧结构改革为背景，基于理性小农理论、最优化农户理论和规模经济理论，提出本研究的两大理论命题：水稻种植农户土地经营规模差异及其诱因；基于粮食安全目标和农民收入增长目标的土地规模经营绩效评价。然后，利用全国范围的大样本农户调查数据，采用规范分析与实证分析、定性分析与定量分析相结合的方法，分析了我国水稻种植农户土地经营规模的现状、差异及其诱因，从收入和效率两个方面对土地规模经营绩效做出评价，分析了不同规模农户的收入差异和效率差异。最后，围绕两大目标提出了促进我国土地规模经营的对策建议。研究结论如下。

（1）土地规模经营是农业现代化的一般趋势，美国、法国和日本农业现代化过程均伴随着土地的规模经营。土地流转和农业服务是实现土地规模经营的两条路径。不同国家的土地流转形式存在差异，美国、法国和日本分别采取了土地自由买卖、土地租赁、土地整理和地块转换的形式，但在农业服务的规模经营方面的发展方向是一致的。土地的规模经营伴随着生产者数量的减少，美国、法国和日本均通过立法明晰土地权属关系，保护生产者的土地权利，维护土地经营退出者的权益。主体培育是土地规模经营的重要内容，美国、法国和日本在土地规模经营过程中，分别对农场、企业、合作社和法人化组织经营体制定了差异化政策，以此扶持规模经营主体的发展。

（2）小规模、细碎化、分散化是我国水稻种植农户土地规模经营的一般现状，不同农户的经营规模和规模决策行为差异较大。我国水稻种植农户户均耕地面积为 40.49 亩（1 亩 ≈ 666.67 平方米），转入稻田面积为 28.62 亩，水稻复种指数为 111.84%。转入户与非转入户的规模差异明显，转入户的户均稻田面积和块均稻田面积分别为 130.65 亩和 8.34 亩，非转入户的分别为 8.84 亩和 1.41 亩。职业分化和收入分化弱化了农户土地规模经营行为，而主体分化强化了农户土地规模经营行为，影响的边际效应分别为 −0.01、−0.25 和 0.37。技术服务、加工销售服务、机械服务、金融保险服务和农资供应服务等水稻生产性服务对农户土地规模经营行为有显著正向影响，影响的边际效应分别为 0.12、0.11、0.09、0.08 和 0.06。

（3）土地规模是影响水稻种植农户收入水平和收入差距的重要因素，具有收入增长效应和收入结构调整效应。水稻种植农户家庭的人均纯收入为 1.43 万元，土地规模每增加 1 亩，农户人均纯收入和农业收入将分别提高 1.31% 和 2.22%，而非农收入将降低 3.35%。基尼系数、广义熵指数和阿特金森指数等收入不平等指标分析表明，水稻种植农户收入差距较大，土地规模的差异会造成农户收入不平等。夏普里值分解结果显示，土地规模对农户人均纯收入、农业收入和非农收入不平等的贡献率分别为 26.14%、30.86% 和 15.62%。土地规模越大，风险收益越低，但风险管理有利于实现水稻种植农户风险收益的最大化。中介效应分析表明，土地规模会通过改变农户风险管理行为进而正向影响农户水稻种植收益。

（4）土地规模与生产效率的关系及其显著性因选取指标的不同而存在明显差异。考虑两者的非线性关系时，土地规模与土地生产率、成本效率呈显著 U 形关系，而与劳动生产率呈显著倒 U 形关系，与成本利润率和技术效率的关系并不显著。对效率进行综合比较得到最优区间解，即水稻种植农户土地适度经营规模应为 500~700 亩。与土地规模相关的效率影响因素中，土地细碎化是负向影响生产效率的共同因素。规模报酬效应与规模经济效应分析表明，水稻生产规模报酬系数为 1.03，规模报酬递增现象并不明显，而且随着土地规模的扩大，规模报酬系数逐渐变小且小于 1，规模报酬随土地规模的增加而递减；水稻生产规模经济系数为 1.14，存在规模经济现象，但随着土地规模的扩大，规模经济系数逐渐变小且小于 1，水稻生产由规模经济逐渐变为规模不经济。

研究认为：土地规模经营有其理论意义与现实意义，在我国农业现代化进程中推进土地的规模经营仍有必要。土地流转、土地整理、农业生产性服务是实现规模经营的有效途径。在规模经营过程中，需要考虑农民分化的基本事实，加大对规模经营主体的扶持力度，提高规模经营政策的针对性和适用性；需要坚持和完善农村基本经营制度，明晰土地权属关系，切实维护好土地转入者、经营权或承包权退出者的权益；需要根据粮食安全目标和农民增收目标，对规模经营的增产效应、增收效应和收入结构调整效应进行综合考虑。

　　首先感谢笔者的博士导师、国家现代农业产业技术体系水稻产业经济岗位科学家杨万江教授。本书从选题确定到数据搜集，再到修改定稿，无不凝结着杨老师的心血。本书的研究也是在杨老师的"国家现代农业产业技术体系水稻产业经济岗位科学家专项课题"的资助下完成的。其次，本书的完成也离不开浙江大学中国农村发展研究院（CARD）提供的良好平台。感谢黄祖辉教授、钱文荣教授、郭红东教授、陆文聪教授、阮建青教授、张忠根教授、卫龙宝教授、韩红云教授、周洁红教授、金少胜副教授、靳相木教授、吴宇哲教授、朱允卫老师在本书写作过程中提供的帮助和指导。感谢 CARD 办公室和资料室的徐丽安老师、毛迎春老师、胡伟斌老师、张霞老师在数据查找、资料搜集时提供的热情帮助。

　　本书的出版得到了国家社科基金青年项目"基于多元制度逻辑的家庭农场绿色生产行为演化机理与管理优化研究"（21CGL028）、农业农村部国家现代农业产业技术体系水稻产业经济岗位科学家专项课题（302601*D20945）、浙江省科技厅软科学项目"农民分化、土地规模与农业生产效率：影响机理与政策因应"（2018C35045）、浙江省高校人社科项目（2020YQ011）的资助。

　　希望本书的出版能为推进我国土地适度规模经营提供有效参考。

刘　强

2021 年 3 月 20 日

目　录

第 1 章

绪　论

家庭联产承包责任制改革在促进农业农村经济发展的同时，也带来了土地细碎化、分散化的问题，成为制约我国农业现代化的主要瓶颈。如何推进土地的适度规模经营已成为学者和政策制定者面临的共同问题。开展土地适度规模经营对于促进农业高质量发展、保障国家粮食安全和促进农民增收都具有重要意义。本章深刻阐述了土地规模经营的重大现实意义和理论意义，从土地规模经营的政策实践、规模差异与成因、规模与农民收入、规模与生产效率等维度提出了系统的分析框架。

1.1　研究背景与意义

土地规模经营是农业发展的必然趋势，也是政府部门关注的热点问题。从世界主要发达国家的农业发展历程来看，它们大都将推进土地规模经营作为农业现代化的重要实现途径。无论是土地资源丰富的美国、加拿大，还是人多地少的日本、韩国，或介于两者之间的法国、德国等农业发达国家，都通过不断出台和完善农业政策法规推进土地的规模经营（陈丹和唐茂华，2008；冯献和崔凯，2012；高强和孔祥智，2013；张士云等，2014）。我国在 20 世纪 80 年代就开始了对土地规模经营的探索，并将发展适度规模经营作为土地制度改革的重要内容（梅建明，2002）。1978 年开始的农村土地制度改革，奠定了家庭经营的基本格局，在家庭联产承包责任制下，按人平均分配的土地制度造成了土地的细碎化、分散化。随着我国工业化、城镇化水平不断提高，传统家庭经营规模小、经营分散的弊端逐渐显现，成为阻碍农业现代化的重要因素（Hu，1997；Tan，et al.，2006；薛亮，2008）。为此，开展土地规模经营已成为我国农业发展的必然趋势。1984 年中央一号文件和 1988 年的宪法修正案为土地规模经营提供了制度支持和法律保障，以适度规模经营为土地制度改革的重要内容，我国开始了长达 30 多年的实践与探索。

土地规模经营有两大政策目标：产量目标和收入目标，即既要增加粮食产量以确保粮食安全，又要提高农业效益以增加农民收入（郭剑雄，1996）。土地规模经营的实现有助于克服土地细碎化、分散化经营的弊端，适应了社会化生产的要求，对于稳定粮食生产、保障粮食安全具有重要意义。然而，粮食需求缺乏弹性，"谷贱伤农"现象往往导致国家宏观层面的增产目标与农户微观层面的增收目标相背离（彭克强，2009），因而单纯从提高粮食产量角度来推进土地大规模经营的政策是不可取的（刘凤芹，2006）。从农户层面来看，农户是农业生产经营的主体，当前我国有 2.3 亿多个农户，农户承包地面积占集体耕地面积的 92.8%。农户在粮食生产经营过程中存在多目标决策现象。农户除了考虑收益最大化，还会考虑风险规避和劳苦规避（刘莹和黄季焜，2010），以农业为主的农户更偏重收益和风险目标，而以非农为主的农户更加重视劳苦规避目标，扩大土地经营规模只是农户的一种次优选择。由于多目标决策下目标权重随时间而改变，对于不同地区、不同规模的粮食生产农户而言，国家政策层面的粮食增产目标与农户层面的收益最大化目标很难达成一致（陈秧分等，2015）。

随着我国经济进入新常态，土地规模经营也面临诸多新情况，凸显了在转型期进行深入研究的必要性。一方面，农地制度改革在推进土地规模经营的同时，也加快了农民阶层的分化（李宪宝和高强，2013），出现了身份农民（如农民工）、职业农民（如家庭农场、专业大户）、传统生计型小农并存的局面，不同性质的农户土地规模经营行为、决策目标也不尽相同（Ellis，1993；Lipton，1968；刘洪仁，2009），而且农民分化还进一步影响土地规模经营政策的实施效果（罗必良等，2012）；另一方面，农业生产性服务得到了快速发展并进入现代农业，改变了农户生产经营决策的外部条件，使其土地规模经营行为发生了变化（刘承芳等，2002；刘强和杨万江，2016；刘荣茂和马林靖，2006），在理性人假设下，农户在决定是否要扩大土地经营规模时，除土地的供给状况外，还会充分考虑农业生产性服务的供给状况；此外，近年来我国农产品生产成本步入快速上升通道，面对农产品生产成本快速上涨，2016 年中央一号文件首次提出"推进农业供给侧结构性改革"，并将降低农业生产成本作为加快农业供给侧结构性改革的重要内容（孔祥智，2016），提出通过发展适度规模经营、开展社会化服务等途径实现农业生产节本增效。

　　水稻是我国重要的粮食作物，与小麦、玉米、马铃薯等粮食作物不同，水稻生产受自然资源约束更强，土地细碎化、分散化经营特点更为明显（杨万江，2011），因而在转型期深入研究水稻种植农户土地规模经营行为、绩效与发展对策，对于推进土地规模经营、保障国家粮食安全、促进农民收入增长都具有重要意义。当前，小农户仍是我国农业生产经营的主体，对水稻生产来说尤其如此，实现粮食基本自给、确保长期粮食安全的微观基础在于提高农户的生产效率。然而，在土地规模经营过程中，由于农户微观决策行为的差异及其带来的土地规模和效率的差异，加上国家宏观层面的目标与农户微观层面目标的不一致性，给保障我国粮食安全增加了许多不确定性因素。而国内从农户角度系统地评价粮食生产土地规模经营绩效的文献还不多，已有研究多是集中于土地规模的评价标准，或单纯从生产角度、成本角度研究规模报酬和规模经济（石晓平和郎海如，2013；许庆等，2011）。因而，有必要在梳理已有土地规模经营研究的基础上，深入探讨农户土地经营规模差异及其诱因，综合评价不同目标下土地规模经营的绩效，从而为推进我国土地规模经营、保障国家粮食安全和促进农民收入增长提供相应参考。

1.2 研究思路与本书结构

1.2.1 研究思路

本书梳理国内外土地规模经营相关研究，归纳总结世界典型农业发达国家土地规模经营的现状与发展趋势，以我国水稻产业为例，基于农业经济学相关理论和大样本农户调查数据，以农民分化、农业社会化服务、农业供给侧结构性改革为背景，分析我国水稻种植农户土地规模经营现状、规模差异及其诱因；并从收入和生产效率两个角度对农户土地规模经营的绩效做出全面评价，分析不同规模农户的收入差异和生产效率差异；最后，从保障国家粮食安全、促进农民收入增长角度提出促进我国土地规模经营的对策建议，为相关政府部门制定现代农业产业发展政策提供决策参考。

1.2.2 本书结构

本书的主要章节安排如下。

第2章，文献回顾与研究的理论基础。梳理国内外已有土地规模经营相关研究，从土地规模经营的必要性，实现途径与评价标准，农户土地规模经营决策行为，土地规模与规模经济、生产效率的关系，制度创新与我国土地适度规模经营5个方面对已有研究进行总结，并结合农业经济学相关理论，把握土地规模经营、粮食安全和农民增收3个方面相关的理论脉络。

第3章，典型国家土地规模经营发展趋势与我国的政策实践。按不同上地经营规模，对比分析世界典型农业发达国家（美国、法国、日本）土地规模经营的发展现状、阶段性特点、主要措施和发展趋势，结合我国改革开放30多年来土地规模经营探索的实践，在比较典型国家和我国土地、人口资源禀赋差异的基础上提出具有针对性的启示。

第4章，水稻种植农户土地经营规模的现状、差异及其诱因。以土地流转为背景，总结我国水稻种植农户土地规模经营的基本现状，分别从农民分化、农业生产性服务发展两个角度分析不同农户土地经营规模差异以及造成差异的主要原因，从农户土地流转行为角度提炼出影响土地经营规模差异的主要因素。

第 5 章，土地规模对水稻种植农户收入的影响分析。基于收入目标，从收入来源、收入结构和收入差距 3 个层面分析不同规模农户的收入差异，实证研究土地规模对农户收入的影响，按照风险识别、风险量化、风险管理的逻辑，分析土地规模扩大后农户风险性质可能发生的改变以及风险性质改变对农户收益的潜在影响。

第 6 章，土地规模对水稻种植农户生产效率的影响分析。基于收入目标和产量目标，选取不同的生产效率指标，实证研究农户土地经营规模对土地生产率、劳动生产率、成本利润率、技术效率和成本效率的影响，分析水稻种植农户规模报酬效应和规模经济效应，探讨土地规模对不同效率指标的影响差异及其成因。

第 7 章，主要结论与对策建议。归纳总结主要研究结果，围绕粮食安全和农民增收两大目标，提出推进我国土地规模经营的对策建议。

1.3　研究方法与技术路线

1.3.1　研究方法

本书综合运用了定性与定量相结合、规范研究与实证研究相结合的研究方法，使用的主要方法如下。

（1）文献分析法

本书通过浙江大学图书馆、网络数据资料库等多种途径，收集国内外土地规模经营相关研究文献和资料，对已有文献和资料进行分类整理，总结已有研究成果并分析已有研究的不足，构建理论基础，厘清研究思路，为后续研究的深入开展做好准备。

（2）统计分析法

本书基于大样本的农户调查数据，采用描述性统计方法对比分析不同性质农户土地经营规模的差异，对不同农户特征与土地规模之间的关系进行相关性分析，找出影响农户土地经营规模差异的可能诱因。

（3）计量经济学方法

本书根据不同的研究内容分别构建计量经济学模型，量化分析农民分化、生产性服务对农户土地规模经营行为进而对土地规模的影响，研究土地规模及其变化对农户收入与风险收益的影响效应，探讨土地规模对不同农业生产效率的影响差异。

（4）规范研究方法

本书总结分析世界典型国家土地规模经营的政策实践、发展趋势及对我国土地规模经营的启示，从保障国家粮食安全和促进农民收入增长两大目标出发，对我国土地规模经营的实践做出基本的价值判断，同时为推进我国土地规模经营的探索提供有益借鉴。

1.3.2 技术路线

本书根据研究思路、内容与方法绘制研究的技术路线，如图1.1所示。首先，在农民分化、农业生产性服务发展和农业供给侧结构改革的背景下，基于理性小农理论、最优化农户理论和规模经济理论，提出本研究的两大理论命题：基于农民分化和生产性服务视角的水稻种植农户土地经营规模差异及其诱因；基于粮食安全目标和农民收入增长目标的土地规模经营绩效评价。其次，总结归纳世界典型农业发达国家土地规模经营的发展现状、阶段性特点、主要措施和发展趋势及其对我国的启示，基于全国范围的大样本农户调查数据，综合采用规范研究与实证研究相结合的分析方法，量化分析水稻种植农户土地规模经营行为的差异及其诱导因素，分析土地规模对农户收入、风险管理和生产效率的潜在影响。最后，基于现实分析、规范研究和实证研究分析结果，从新型经营主体培育、规模经营模式选择、保障国家粮食安全和促进农民收入增长等层面提出推进我国土地规模经营的对策建议。

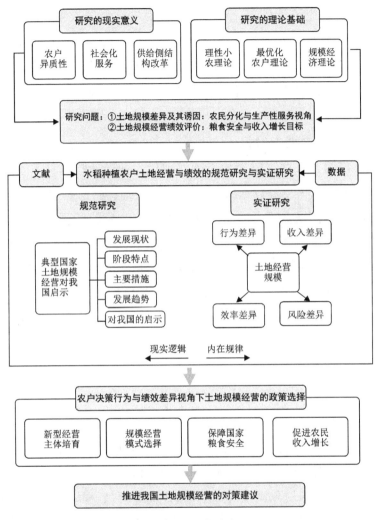

图 1.1　技术路线

1.4　数据来源

本书使用的数据包括宏观统计数据和微观农户调查数据两大类，数据主要来源如下。

（1）宏观统计数据

国内宏观统计数据来源主要包括历年《全国农产品成本收益资料汇编》

《新中国60年农业统计资料汇编》《中国第二次全国农业普查资料汇编》《统计公报》，国外数据来源于联合国粮农组织（FAO）和世界银行公开数据资料库，以及美国、法国、日本和欧盟历年的统计年鉴和农业经济分析报告。宏观数据主要用于分析我国及世界典型农业发达国家土地规模经营的一般情况。

（2）微观农户调查数据

微观农户调查数据主要来源于国家现代农业产业技术体系水稻产业经济研究室"水稻产业经济数据库"。该数据库的数据分为：世界主要水稻生产国稻米生产与消费数据、世界大米市场价格与贸易数据、我国水稻种植农户专项调查数据。本书的微观农户调查数据来源于2013年到2015年国家水稻产业综合试验站固定观察点的农户调查，为农户专项调查数据库部分内容，涉及湖南、湖北、江苏、江西、广东、广西、四川、贵州、福建、浙江、海南、黑龙江12个省份，61个县（市），303个村，共3687个样本农户。剔除关键数据缺失的样本农户，有效样本为3421户，占样本农户总数的92.79%，2013年、2014年和2015年样本农户数分别为1081户、1195户和1145户，分别占总样本的31.60%、34.93%和33.47%。调查样本分布情况如表1.1所示。

调查内容主要包括水稻种植农户基本特征（户主性别、年龄、教育、家庭收入、劳动力人数）、土地经营情况（耕地面积、承包地面积、流转地面积、流转费用、流转年限）、水稻种植规模与种植结构（稻田面积、稻田地块数量、水稻播种面积）、水稻生产销售情况（要素投入量、投入价格、水稻产销量、稻谷价格）、水稻经营管理情况（参与合作社、生产性服务需求、耕种收烘机械化、生产目的、技术培训、信贷条件、政策认知）等。

调查时间点为当年12月份，这样可以更为准确地反映农户当年水稻生产投入、土地经营情况及年末家庭基本情况。同时，考虑到水稻种植制度的差异，本研究分别调查了水稻种植农户早稻、中晚稻种植情况。在后续分析中，为消除价格变化的影响，产值、资金投入等变量均采用当年全国农业生产资料价格指数进行平减，收入变量采用居民消费价格指数进行平减，以2013年为基期。

表 1.1　调查样本分布情况

样本省份	县市数 / 个	村数 / 个	农户数 / 户
福建	5	31	380
广东	5	9	262
广西	5	14	281
贵州	5	22	276
海南	6	24	262
黑龙江	4	16	286
湖北	5	27	285
湖南	5	43	305
江苏	5	33	325
江西	5	29	249
四川	5	29	266
浙江	6	26	244
合计	61	303	3421

数据来源：根据农户调查数据整理。

1.5　主要创新点与研究的局限

1.5.1　主要创新点

与国内外已有土地规模经营相关研究相比，本研究的主要创新点体现在以下几方面。

（1）研究视角的创新

已有研究多是从宏观层面探讨土地流转与土地规模经营或社会化服务与土地规模经营，忽视了微观生产主体农户决策的行为差异对土地经营规模与绩效的影响，因而使研究结果受到很大局限。本研究从农户土地规模经营决策行为出发，结合我国土地规模经营过程中面临的新情况，在农民分化、社会化服务和供给侧结构性改革背景下分析农户土地经营规模决策行为的差异，以及决策行为差异对农民收入、粮食生产的潜在影响，从农户行为视角探讨土地规模经营的两大政策目标，是对已有研究的扩展和补充。

（2）研究内容的创新

已有关于土地规模经营的研究多是从小农经营的缺陷探讨规模经营的

必要性，并对土地规模经营的效果做出评判，研究没有考虑到农民分化以及农业生产性服务快速发展这一基本事实。事实上，由于不同性质的农户土地流转行为不同，土地经营规模可能存在较大差异，而且农户对外部农业生产性服务的使用情况也不尽相同，从而经营规模有所差异。本研究将农民分化、水稻生产性服务纳入农户土地经营规模分析框架，在此基础上，基于收入目标和产量目标对农户土地规模的绩效进行了综合评价，是对已有研究的深化和扩展。

（3）研究方法的创新

已有关于土地规模经营绩效评价的研究多集中于规模与效率关系问题的探讨，在规模与效率关系问题上还存在较大分歧。产生分歧的一个重要原因在于已有研究方法没有考虑农户的异质性，而相关理论研究表明忽略农户异质性会导致估计结果偏误。本研究构建计量模型时充分考虑了农户异质性可能对估计结果的影响，得出的估计结果更为可靠。此外，随机前沿成本函数分析方法在农业经济研究中应用较少，本研究将随机前沿成本函数用于规模经济系数和成本效率的测算，并量化分析了土地经营规模对成本效率的影响，这一方法的应用对判断农业生产是否实现规模经济具有较大借鉴意义。

1.5.2　研究的局限

本研究以水稻产业为例，深入分析了农户土地规模经营决策行为差异并对规模经营绩效做出评价。水稻是我国重要的粮食作物之一，属于土地密集型农产品。分析水稻规模经营的增产效应和增收效应对当前稳定粮食生产和保障国家粮食安全具有重要意义，但不同农产品的生产规模差异较大，对于其他劳动密集型或资本、技术密集型农产品，如蔬菜、水果、花卉、畜产品等，农户土地经营规模差异以及土地规模经营的增产效应和增收效应还有待进一步验证。

第 2 章

文献回顾与研究的理论基础

地块层面的规模经营与服务层面的规模经营是土地规模经营的两种实现途径：前者主要通过土地流转实现，体现为土地的集中连片；后者主要通过生产性服务实现，体现为作物的集中连片。本章通过对已有研究文献进行梳理，从学理上论证了土地规模经营的必要性、实现途径与评价标准，从农户行为视角探讨了土地流转、劳动力转移和土地规模的关系，从效率和收入两个维度提出了规模经营的两大目标，并结合理性小农理论、最优化农户理论和规模经济理论进行了详细阐述。

2.1　国内外研究现状与发展动态

2.1.1　土地规模经营问题的提出及其必要性

（1）土地规模经营问题的提出

1770 年，英国农业经济学家阿瑟·杨格在《农业经济论》一书中对土地规模经营问题进行了探讨，提出了农业适度规模经营理论（Young，1770）。按照该理论，农业适度规模经营是在一定的技术和社会经济条件下，土地和其他生产要素实现合理配比以达到最优经营效益的活动。Chaianov 等（1986）在《农民经济理论》一书中指出，土地、劳动和资本是农业生产的基本要素，在一定技术条件下农场对这些要素进行组合形成适度规模，而这个规模是以最低生产费用实现农业最大产出的要素组合。国内学者李忠国（2005）认为，适度规模经营应该采取与生产力水平相适应的经营方式，为获得最优产出而投入适量生产要素，并使生产要素合理组合，充分利用，以获得最佳经济效益。农业适度规模经营的核心在于生产要素的合理组合与效益的最大化。土地作为农业生产的基本投入要素，具有不可再生性，要素的供给缺乏弹性，相对而言，资本和劳动富有弹性，因而农业适度规模经营在很大程度上是指土地的适度规模经营。土地规模经营也是农业适度规模经营问题研究的重点内容，扩大土地规模是实现农业规模经营的重要途径。

（2）土地规模经营的必要性

关于土地规模经营的必要性，学术界主要存在两种观点：一种观点从生产力发展水平与社会就业和稳定的实际出发，肯定小农经营的合理性（齐城，2008）；另一种观点从要素组合理论、资产专用性和交易费用理论出发，认为农业应走规模化经营道路。从肯定小农经营合理性的观点来看，小农生产方式（家庭经营）对不同的生产力水平具有包容性，建立在农村家庭经营基础上的适度规模经营更适合我国国情（黄宗智和彭玉生，2007）。小农生产方式虽然给人一种原始、落后、碎片化、低效率的感觉，但实际上有效地解决了巨大的就业压力，支持了我国工业化、城市化建设，保障了我国的农产品供给，维护了国家安全与社会稳定（宋亚平，2013）。然而，也有学者提出相反的观点，认为即便是人地矛盾突出的国家，也应把土地经营规模扩大到能够有效吸纳现代生产要素的"最低临界规模"以上和能够实现与非农产业劳动所得相均衡的"最小必要规模"以上（郎秀云，2013），而且随着经济发展水平提高和工业化、城镇化进程加快，以及小型农机设备、现代生物化学技术的应用，农户最优经营规模还应不断扩大（胡瑞卿和张岳恒，2007）。此外，也有学者通过对比研究认为，20世纪以来发达国家对农业政策的不断调整，促进了土地经营规模的不断扩大（冯献和崔凯，2012；郎秀云，2013；张士云等，2014）。可见，实现土地规模经营需要以完善家庭承包经营制为基础，采取积极的措施促进土地规模经营的发展（杨国玉和郝秀英，2005）。

2.1.2　土地规模经营的实现途径与评价标准

（1）土地规模经营的实现途径

当前，实现农业规模经营的途径主要有两种：一种是通过农地流转实现土地的规模经营；另一种是通过农业社会化服务实现服务的规模经营。

就土地的规模经营而言，农地流转是实现土地规模经营、提升规模效益的必经之路（姜松和王钊，2012；楼栋和孔祥智，2013；张照新和赵海，2013）。按照流转方式的不同，土地规模经营可以有四种不同形式，即土地互换、土地流转、土地入股和土地租赁（农业部经管司和经管总站研究组，2013）。土地互换是在农户自愿的前提下，通过互换解决土地细碎化问题，实现承包地的集中；土地流转是承包地在农户间的流转，通过发展专业大户、家庭农场，实现经营规模的扩大；土地入股是通过农户土地承包经营权入股，组建土地股份合作组织，开展农业合作生产；土地租赁则是工商企业通过租赁农户承包地从而实现规模经营。从我国开展适度规模经营的实践来看，当前我国农地流转制约因素较多而且土地流转效率不高，通过大规模的土地流转来实现土地规模经营仍不现实（贺振华，2003；毛飞和孔祥智，2012；许月明，2006；张先兵，2012）。加之土地流转过程中经营主体之间利益联结方式的不同（李相宏，2003），农业企业、合作社、专业大户和家庭农场对土地规模的需求也不尽相同（汤建尧和曾福生，2014），土地规模经营仍是一个长期的过程（沈贵银，2009）。因而，现阶段有必要加强土地流转管理和服务，在农户家庭承包经营的基础上，开展多种形式的联合与合作，形成农户的专业化生产与各类社会化服务有机结合，发展多种形式的适度规模经营（农业部经管司和经管总站研究组，2013）。

相比土地的规模经营，以农业社会化服务实现服务的规模经营为我国开展多种形式的适度规模经营提供了理论支撑和现实依据。服务的规模经营不需要实现土地集中，而是通过农业社会化服务组织实现规模化经营，包括生产资料的规模供给、农业生产技术的统一服务和农产品的统一销售等多种形式（蒋和平和蒋辉，2014）。通过生产性服务的纵向分工与外包，农业社会化服务组织可以有效实现资源要素的集聚，带动农业产业化和专业化分工，从而获得比直接生产更大的规模效益（罗必良，2014；梅勒，

1996）。一方面，从服务的供给来看，以代耕、代种、代收为主的农机跨区作业社会化服务，使传统的小规模农业实现了现代化的大规模生产（薛亮，2008），而且规模越大对社会化服务的需求也越大，经营规模 30 亩以上的农户，对农业机械、新品种、新技术的使用率要明显高于 10 亩以下的农户（钱克明和彭廷军，2014）；另一方面，从服务的需求来看，有学者提出，从劳动力密集型生产环节外包到技术密集型生产环节外包，再到全生产环节外包，是推进我国农业规模经营的路径之一（王志刚等，2011）。

（2）土地规模经营的评价标准

学者对土地适度规模经营的评价标准进行了大量的理论探讨与实证研究。关于如何确定适度规模评价标准的观点归纳起来主要有五类：收入决定观点、生产力水平决定观点、效益最大化观点、资源禀赋观点和劳动力转移观点（张海亮和吴楚材，1998；张侠等，2002）。依照不同的评价标准，学者对土地适度规模经营的"度"进行了测算。汪亚雄（1997）从收入决定角度对土地规模进行了测算，结果表明，在土地资源禀赋约束下，土地规模经营的最低临界点为 10 亩；基于同样的视角，李文明等（2015）对我国水稻种植农户的研究表明，适度规模为 80 亩。钱贵霞和李宁辉（2006）通过构建土地经营规模决策的数学模型进行分析后认为，我国粮食主产区农户最优耕地经营规模为 71 亩，且最优规模在不同省份中差异较大，吉林最高，为 124 亩，河北最低，为 41 亩。齐城（2008）通过构建生产函数模型，从劳动力转移角度定量分析了信阳市种植业的适度经营规模，结果表明，土地经营存在规模经济，户均最适规模为 20 亩。杨钢桥等（2011）采用农户利润最大化模型进行研究后认为，湖北农户适度规模经营面积为 36 亩；张丽丽等（2013）采用同样的研究方法进行研究后认为，在当前技术条件下，我国小麦主产区最优经营规模为 125 亩；吕晨光等（2013）从成本效益出发，经分析后认为，山西省农户耕地最优经营规模为 20 亩。

从上述研究可以看出，土地适度规模经营存在明显的地域差异与种植结构差异，采用不同的评价标准，研究得到的适度经营规模也不尽相同（黄宗智和彭玉生，2007）。尽管学者对我国土地适度规模经营的研究结果存在差异，但有一点结论可达成共识，即无论从国家层面还是地区层面，当前农户经营规模还远没达到最适经营规模，通过多种途径扩大经营规模仍然有其必要性。目前，我国农户的平均经营规模仅为 8 亩，小于学者测度的最适规模，而且与农业现代化水平较高的日韩、北美和西欧相比，经营规模明显偏小。据统计，小规模的日本、韩国的农户（农场）平均经营规模分别为 21 亩和 18 亩，中等规模的德国、法国分别为 225 亩和 525 亩，而大规模的美国、加拿大分别为 2928 亩和 4500 亩（梅建明，2002）。

2.1.3　农户土地规模经营决策行为

学者从土地流转意愿和种植决策层面对农户土地规模经营行为进行了研究，并探讨了土地流转、劳动力转移和土地规模的关系。林善浪（2005）对福建和江西农户土地规模经营意愿和行为特征的研究表明，农业剩余劳力向非农产业的有效转移是推进耕地规模经营的前提条件，而土地流转和集中是实现规模经营的关键。钱文荣和张忠明（2007）对长江中下游地区农户土地规模经营意愿的研究表明，农民就业和收入来源的多元化，既为一部分农民放弃农地经营权、实现土地适度集中提供了可能性，但同时也造成农户经营积极性下降，规模经营意识减弱。其主要原因在于农业相对收益低下，规模经济或规模报酬并没有得到体现。刘朝旭等（2012）对我国南方双季稻区农户水稻种植模式的决策行为分析则表明，土地经营规模对农户双季稻决策有显著影响，土地规模限制是制约农户双季稻种植的主要原因，马志雄等（2012）基于长江中下游四省农户调查数据分析也得出了同样结论。

也有学者从农民分化角度研究了农户土地流转行为和土地利用效率的关系。研究认为，农民分化促进了土地流转，加快了土地要素市场化，提升了土地利用效率。贺雪峰（2011）从农民与土地的关系出发，将农民划分为五大阶层，认为不同阶层的农民对待土地流转的态度也不尽相同，而聂建亮和钟涨宝（2014）对我国 4 省样本农户农地流转行为的分析表明，农民分化将促进农地流转，加快土地生产要素的市场化进程。研究进一步指出，农民水平分化和垂直分化程度对农地转出行为都有显著正影响，而对转出规模的影响则表现出差异性。此外，许恒周等（2012）基于天津和

15

山东农户的调查数据，从职业分化、离农率和恩格尔系数三个层面测度了农民分化和农民分化程度，并定量分析了农民分化和分化程度对耕地利用效率的影响。研究指出，农民职业分化提升了农业生产的专业化水平，提高了耕地利用效率，离农率和恩格尔系数均对耕地利用效率有正向影响。

此外，基于不同的农户理论，农户土地规模经营决策目标也不尽相同（Ellis，1993；Lipton，1968）。这些理论主要包括追求利润型农民、风险规避型农民、劳苦规避型农民、部分参与市场的农民和分成制农民，每个理论都假设农户追求一个或多个目标的最大化。显然，目标不一致会导致经营规模的差异，而这种目标的差异又来自农户的异质性。多目标决策分析表明，以农业为主的农户更偏重利润和风险目标，而以非农为主的农户更加重视劳动规避目标（刘莹和黄季焜，2010）。土地经营规模是与一定的自然、经济、社会和技术条件相适应的，经济发展水平、农业社会化服务体系完善程度、风险和不确定性因素、政策性配套措施、生产力水平等多种外部因素都会通过影响农户土地规模经营决策而对土地经营规模产生影响（张侠等，2002），在农户土地经营行为分析中应充分考虑外部因素对农户经营决策行为的影响。

2.1.4 土地规模与规模经济、生产效率的关系

（1）土地规模与规模经济的关系

土地规模与规模经济之间的关系问题一直是农业经济学领域的研究热点，长期以来，学者们针对这一问题并没有得出一致的结论，对研究结果的解释也存在较大争议。

一种观点认为，规模经营能带来规模经济，具有明显的增收效应。基于全国层面的实证研究表明，我国粮食生产不稳定的原因在于经营规模过小、经营过于分散（罗丹等，2013；朱颖，2012），相反，农户水稻、小麦和玉米等粮食作物种植面积的扩大将带来产量的显著提高（Nguyen, et al., 1996），粮食生产存在规模报酬递增的现象。从规模经营的增产效应来看，若消除土地细碎化，我国粮食年产量将增加7140万吨（Wan & Cheng, 2001），适当扩大经营规模是实现规模经营稳定粮食生产的有效方式。此

外，实证研究表明，土地规模的扩大对农户的收入水平有显著的正向影响，具有显著的增收效应（韩啸等，2015；赵晓锋和何慧丽，2012）。关于规模经营的增收效应，学者从不同角度给予了解释。从劳动生产率角度来看，土地经营规模的扩大有利于家庭劳动的充分利用和劳动生产率的提高，带动农户收入的增长（黄祖辉和陈欣欣，1998；张红宇，2005）；从生产成本角度来看，我国以耕地密集型为主的大部分农产品生产成本较国外高，根本原因在于我国种植业规模过小、劳动力成本过高（黄季焜和马恒远，2000），而农场规模的扩大、地块平均距离的缩小，有利于降低农业生产成本（Tan，et al.，2008），而且实现规模经营的大农场，其要素调整速度快于传统小农（Johnston & Mellor，1961；Todaro，1989），规模经营在降低长期平均成本上更具优势。

另一种观点认为，规模经济并不一定存在。世界银行通过对肯尼亚、巴西、印度等发展中国家的大农场和小农场的对比研究发现，土地收益随经济规模的增加而递减（Sen，1962），主要原因在于发展中国家农户受资金、技术、生产方式等条件限制更大（Devendra & Thomas，2002）。国内学者的研究证实了这种现象在我国也存在，认为在现行土地制度下，粮食生产中不存在规模经济（万广华和程恩江，1996），在考虑了土地细碎化的影响后，我国粮食生产的规模报酬总体而言不变，增加农户经营规模并不一定带来粮食产量的增加（许庆等，2011），而且还有可能出现随着经营规模的扩大，单位面积收益下降的现象（卫新等，2003）。另外，规模经营也并不一定带来经济效益的提高。这一点，学者从实证给出了证明，认为土地经营规模与单位面积净收益、土地生产率呈反向关系（Carter，1984；Heltberg，1998）。国内学者关于土地细碎化与农民收入关系的研究证明了规模经营与农民增收的反向关系，认为土地细碎化与农民的总收入水平呈正相关的关系，土地细碎化有利于缩小农民收入的不平等（许庆等，2008）。此外，规模经营对产出并没有显著影响（Wu，et al.，2005）。一方面，提高土地生产效率需要减少劳动投入，但中国农村大量的剩余劳动力和小规模土地导致粮食生产严重依赖于劳动，不利于产出的增长；另一方面，小农经济的大量存在导致农业经营的多样化而非专一化，不利于农业规模化经营（Heston

& Kumar，1983）。

（2）土地规模与生产效率的关系

学术界关于土地规模与生产效率的关系问题也存在较大争议。研究提出了土地规模与生产效率的线性关系和非线性关系，前者包括正相关和负相关，后者包括 U 形关系和基于效率选择差异的不确定关系。

就线性相关性而言，传统观点认为，土地规模与农业生产效率之间存在经典的反向关系（Barrett，1996；Feder，1985）。舒尔茨在分析传统农业生产要素配置效率后认为，传统小农生产是有效率的（Schultz，1964），Cornia（1985）、Barrett（1996）等的实证研究也表明，农场规模越大，生产效率越低。国内学者的研究也支持这一观点。罗必良（2000）从产业性质、市场交易特征和组织管理费用角度分析认为，小规模的家庭经营更为有效；高梦滔和张颖（2006）对我国 8 省农户面板数据的实证研究也表明，土地面积和农业生产效率之间显著负相关。但是，也有学者对这种反向关系提出了质疑。Rayner 从要素的不可分性出发进行了论证，认为大规模农户比小规模农户具有更高的效率（Rayner & Ingersent，1991）；Bravo-Ureta & Rieger（1990）、Kumbhakar 等（1991）的实证研究同样表明，农场经营规模与效率显著正相关；Fan & Chan-Kang（2005）在对比了亚洲国家土地经营规模的研究结果后认为，农户经营规模与劳动生产效率存在正相关关系。

此外，也有学者提出了土地规模与生产效率是非线性关系或不确定性关系。例如，Helfand & Levine（2004）研究发现，技术效率与农户经营规模存在较为稳定的 U 形关系，在临界规模两侧，经营面积与生产效率呈现相反的关系。Feder（1985）认为土地规模与生产效率的显著性取决于外部监督；而李谷成等（2010）从土地生产率、劳动生产率、成本利润率、全要素生产率（total factor productivity，TFP）和技术效率等角度阐释了土地规模与效率之间的关系，研究认为，土地生产率与耕地规模是负相关的，但劳动生产率都与耕地规模呈正相关关系，成本利润率、TFP 和技术效率与经营规模并没有显著的相关性。这种结果产生的原因在于农户自有劳动力对其他生产要素的替代，因而，小规模农户是否更有效率取决于优先考虑的政策目标。从保证食品安全、确定农产品有效供给的角度出发，小规模农户更具比较优势；相反，从提高劳动生产率、促进农民增收和提高农业经济效益角度出发，大规模农户更具比较优势。

关于经营规模与生产效率不同关系产生的原因，学者也从不同角度进行了解释。石晓平和郎海如（2013）通过比较国内外土地经营规模与农业生产率关系的文献发现，由于对土地规模概念（包括经营面积和规模经济）的理解差异和选取农业生产率（如土地生产率、劳动生产率、成本利润率、技术效率和全要素生产率）衡量指标的不同，得到的研究结论不一致。也有学者从要素市场，尤其是劳动力市场不完善（Carter，1984；Newell et al.，1997），以及遗漏变量问题（Benjamin，1995；Lamb，2003）等角度对土地经营规模与农业生产效率之间的经典的反向关系进行解释。此外，还有部分学者开始关注农户异质性对生产效率的影响（Assuncao & Ghatak，2003），认为产生争议的一个主要原因在于已往研究没有考虑农户的异质性，而农户异质性是土地利用效率产生差异的重要原因（李宪宝和高强，2013），大农户更倾向于资本密集型的技术，而小规模农户更倾向于劳动密集型技术，相关研究如 Verschelde 等（2013）和 Sheng 等（2016）。

2.1.5　制度创新与我国土地适度规模经营

推进土地规模经营是实现农业现代化的客观要求和必然趋势，也是我国农村土地制度改革的基本目标（冯先宁，2004；梅建明，2002）。1978 年我国实行的农村土地制度改革，实现了土地所有权和承包经营权的分离，奠定了家庭经营的基本格局。20 世纪 80 年代初期，这种经营制度在促进农业生产发展、保障国家粮食供给和提高农民收入方面发挥了重要作用（陶林，2009）。然而，随着我国工业化、城镇化水平不断提高，传统家庭经营规模小、经营分散的弊端逐渐显现，并成为阻碍农业现代化的重要因素。为此，我国开始探索通过土地流转和转包实现农业适度规模经营的道路，并通过 1984 年中央一号文件和 1988 年的宪法修正案对土地流转给予制度支持和法律保障，农业适度规模经营问题也开始逐渐得到政府部门的重视。扩大农业经营规模较重要的是进行土地制度改革，突破土地流转中的制度障碍和法律障碍，推动土地承包经营权的流转，使土地要素真正流动起来（郭熙保，

2013）。从 1984 年我国提出"在家庭经营的基础上扩大生产规模"，到 1990 年邓小平关于社会主义农业改革"两个飞跃"的著名论断[①]，再到土地"三权"分置、规模经营主体培育，我国对适度规模经营的政策探讨和实践已经历了 30 多年，这再次证明土地适度规模经营的探索是一个长期过程。

2.1.6　研究述评

综上所述，国内外学者对土地规模经营问题的研究取得了一定成果，对本研究的开展具有重要的借鉴意义，但现有研究还存在一定的问题和不足。

从研究内容来看，现有关于农业适度规模经营的研究多围绕如何实现土地的规模经营，探讨劳动力转移、土地流转、农户意愿和政策支持对土地规模经营的影响，以及土地规模与规模经济、土地规模与生产效率之间的关系，研究并没有深入探讨何种因素导致农户土地经营规模的差异，以及这种差异如何影响农民收入与农业生产效率。现实中，如农机跨区作业、生产服务外包等服务的规模经营已经出现了，无疑这种新形式的农业适度规模将对农户土地规模经营决策行为产生重要影响，但现有研究还很少涉及这方面内容，因而，从研究内容来看，土地规模经营相关研究内容还有待拓展与深化。

从研究方法来看，现有研究较多采用单方程线性模型来考查土地规模经营的影响因素以及土地规模与规模经济、土地规模与生产效率之间的关系。这种比较静态的分析方法没有将社会经济条件的可能变化纳入分析框架，如价格变化、政策变化对土地规模经营的可能影响，也无法分析非经济因素的变化，尤其是农户风险决策态度对土地经营规模的影响。而且现有研究使用的数据多为区域性的横截面数据，缺少基于大样本面板数据的实证研究，也导致研究结果存在较大的争议性。差异的根源在于忽视了土地规模经营的主体差异、地域差异和风险偏好差异。

本研究将针对上述不足，基于农业经济学相关理论和全国范围的大样本农户调查数据，将农民分化、农业生产性服务纳入农户土地经营规模分

---

① 1990 年，邓小平提出了社会主义农业改革的两个飞跃：一是废除人民公社实行家庭联产承包为主的责任制；二是适应科学种田和生产社会化的需要发展适度规模经营。

析框架，探讨不同性质农户、不同农业生产性服务需求程度的规模差异。本研究基于土地规模经营的两大目标——收入目标和产量目标，分别构建收入函数模型、生产函数模型和成本函数模型，分析土地经营规模对农民收入的潜在影响，测算规模报酬系数和规模经济系数、要素的产出弹性和价格弹性，测算农业生产效率并对效率影响因素进行量化分析，探讨农户土地经营规模差异对不同农业生产效率的潜在影响，找出产生差异的原因，从而对农户土地经营规模差异与绩效做出科学判断。最后，本研究提出了推进我国土地规模经营、保障国家粮食安全和促进农民收入增长的对策建议。

2.2　研究的理论基础

2.2.1　理性小农理论

（1）理性小农理论的内涵

1964 年，美国经济学家舒尔茨在《改造传统农业》一书中将"理性人"假设引入农户行为分析，认为小农户和资本主义企业家一样都是理性的，以追求利润最大化为目标，农户能够对生产要素进行合理配置。同时，舒尔茨也指出小农经济是"贫穷而有效率"的，贫穷的主要原因在于传统农业缺乏现代要素和技术投入，是一种低水平的均衡，因此，舒尔茨提出对农民进行人力资本投资以达到改造传统农业的目的（Schultz，1964）。1979 年，波普金在《理性的小农》一书中，从经济理性和投资风险两个角度对农户行为理性进行了扩展，认为农户是理性的个人或家庭福利的最大化者，而这种理性是在权衡了长期利益、短期利益以及风险因素后做出的最优选择（Popkin，1979）。

（2）小农理性与农民分化

理性小农理论是基于对传统农业中的小农户研究得出的，对当前我国大量存在的小农经营仍有一定借鉴意义。小农经济在我国具有深刻的历史背景，并且普遍存在（潘璐，2012），小农经济最大的特点是自给自足，农业生产方式较为传统，农民被束缚在土地上，缺乏流动性，在没有外部冲击的情况下，小农经济会自动趋于稳定。然而，改革开放后，农村土地制度改革、户籍制度改革、市场化改革等制度变迁使传统小农的理性行为发生了变化（杜润生，2003；郑风田，2000），农户理性行为的变化体现为生计理性向经济理性的非均衡转变。从地区的非均衡来看，经济发达地区的农户更多表现为经济理性，而欠发达地区更多表现为生计理性（翁贞林，2008）；从收入的非均衡来看，家庭收入水平较高的农户的经济理性更为明显，而家庭收入水平较低的农户的生计理性更为明显，从低收入到高收入的演变还存在一种循环递进的资本形成机制（陈雨露等，2009），促使农户从生计理性向经济理性转化。

生计理性向经济理性的转变促进了农民阶层的分化，使农民阶层之间出现了纯农户、兼业农户和非农户的区别，农民阶层内部出现了传统生计型小农、家庭农场和专业大户的区别。在分化视角下，土地不再是农户赖以生存的唯一途径，在小规模、分散化经营难以实现规模效益的情况下，一部分农户出于家庭效用最大化考虑，会选择非农就业，减少对农业生产的投资，出现兼业化或弃农离农现象；另一部分农户则会选择流转更多土地，扩大经营规模，同时充分利用外部生产要素供给，如农机服务、农业贷款等，提高农业生产效益；此外，还有部分农户受资源禀赋约束较大，没有非农就业或农业生产性投资行为，仍保持小农生产的状态。

农户的经济理性促进了农民阶层的分化，在农户理性假设下考察农户土地规模经营行为，有必要重点考虑农户群体的异质性。对不同性质的农户而言，土地规模经营决策和农业生产性投资决策行为也不尽相同。此外，在农户经济理性假设下，农户在决定是否要扩大土地经营规模时，除了考虑土地的供给状况，还会充分考虑外部生产要素（如生产性服务）的供给状况以及技术的可得性等。

2.2.2　最优化农户理论

（1）最优化农户理论的内涵

最优化农户理论是对农民经济行为理论的整合，包括追求利润型农户理论、风险规避型农户理论、劳苦规避型农户理论、部分参与市场的农户理论和分成制农户理论，其一般的假定在于农民追求一个或多个家庭目标的最大化（Ellis，1993；Lipton，1968）。追求利润型农户理论以利润最大化为目标，利润最大化假说既包含农民的行为动机，又包含行为的经济绩效，在研究中通常对其经济绩效进行评价以判断决策行为的优劣。土地生产率、技术效率和成本利润率是常用的经济绩效评价指标。风险规避型农户理论以风险条件下期望效用最大化为目标。在风险条件下，农户的资源配置决策是次优的。劳苦规避型农户理论将消费纳入农户效用分析框架，以农户自身劳动与消费的均衡为核心，比较收入与闲暇的效用，从而实现效用的最大化。部分参与市场的农户理论将土地市场和劳动市场纳入农户行为分析，假定以家庭总效用最大化为目标。分成制农户理论从利润最大化目标出发，分别考察佃农和地主两个不同主体的决策行为。

（2）最优化农户理论与农户土地规模经营行为

最优化农户理论从不同侧面解释了农户的经济行为，为分析农户土地规模经营行为提供了借鉴。追求利润最大化目标的农户更倾向于扩大土地经营规模，改善生产管理，提高农业生产效率，这一目标与农业政策要实现的效率目标和产量目标相符；风险规避型农户首要考虑的是风险最小化，由于土地规模的扩大会改变风险性质，小规模分散化经营面对的风险损失相对较小，包括市场价格变化、自然灾害和政策变动等因素导致的风险，而且小规模经营在风险应对上更为灵活，因而，风险规避型农户土地规模经营意愿相对较低；劳苦规避型农户首要考虑的是时间在农业劳动和闲暇之间的分配，农户土地经营规模取决于家庭规模，而在土地稀缺的情况下，土地规模又会限制家庭规模；部分参与市场的农户规模经营决策行为取决于土地市场和劳动力市场的完善程度，以及扩大规模带来的收入增长对家庭总效用的影响程度；分成制下佃农土地规模经营决策更多取决于土地租金和契约关系。

可见，在最优化决策分析框架下，农户土地规模经营行为决策并不是单一因素作用的结果，其规模经营行为受到诸如家庭禀赋、市场完善程度、政策环境、生产关系和外部风险等因素的综合影响。同时，尽管农户都以家庭效用最大化为目标，但家庭效用函数的结构却存在较大差异。对商品生产农户而言，利润是效用函数的主要构成部分；对兼业化农户而言，收入才是效用函数的主要构成部分；对传统小农而言，粮食产量、家庭收入和闲暇是效用函数的主要构成部分。因而，在分析农户土地规模经营决策时，有必要考察不同农户决策目标的差异，以及微观层面的农户决策目标差异对宏观层面的产业政策目标实现的影响。

2.2.3 规模经济理论

（1）规模经济理论的内涵

《新帕尔格雷夫经济学大辞典》对规模经济的定义为："在既定（不变）技术条件下，对于某一产品（无论是单一产品还是复合产品），如果在某些产量范围内平均成本下降（或上升）的话，我们就认为存在规模经济（或规模不经济）。"从规模经济的定义可知，规模经济理论描述了在技术条件给定的情况下，长期平均生产成本随产量变动的情况。若长期平均生产成本随着产量增加而递减，则存在规模经济，反之则存在规模不经济。规模经济反映了要素集中程度和经济效益的关系，只在一定区间范围内才存在，表现为长期平均成本曲线上的最低点，即最小最优规模，因而规模经济理论常用于确定生产的最优规模。

规模经济与生产成本密切相关，在特定区间范围内规模经济与长期平均成本曲线下降是等价的，因而通常根据平均成本是否随产量增长而下降来判断是否存在规模经济。规模经济系数（coefficient of economies of scale，SCE）是常用于衡量规模经济的指标，成本函数为 $C=f(Q)$，其中，C 为成本，Q 为产量，SCE=1/ $(\frac{\partial \ln C}{\partial \ln Q})$。若 SCE>1，表明成本增加幅度小于产出增加幅度，扩大规模能带来成本的减少，存在规模经济现象；若 SCE<1，表明成本增加幅度大于产出增加幅度，扩大规模会带来成本的增加，存在规模不经济现象；若 SCE=1，表明成本增加幅度与产出增加幅度相同，扩大规模不会带来成本的增加也不会带来成本的减少。

（2）规模经济与规模报酬

规模经济与规模报酬既相互联系又相互区别。规模报酬描述了在一定技术条件下，所有生产要素按同比例变化带来的产量变化，反映的是规模和产量关系，属于生产理论。对生产函数 $y=f(x_1, x_2, \cdots, x_n)$ 而言，当要素投入同比例扩大 λ 倍时，有 $f(\lambda x_1, \lambda x_2, \cdots, \lambda x_n) = \lambda^s f(x_1, x_2, \cdots, x_n)$，$s$ 称为规模报酬系数，$s = \dfrac{\partial \ln f(\lambda x_i)}{\partial \ln \lambda}$。若 $s>1$，则规模报酬递增；若 $s<1$，则规模报酬递减；若 $s=1$，则规模报酬不变。

规模报酬递增是规模经济产生的原因之一，但规模经济的产生并不必然会存在规模报酬递增（Case & Fair，2006）。在规模报酬递增的情况下，产量增长幅度大于要素投入增长幅度，单位产量的要素投入相对减少，在要素价格不变的情况下，平均生产成本由于要素投入的减少而降低，产生了规模经济现象。规模经济产生的原因较多，如规模变化带来的内在规模经济以及产业集聚带来的外在规模经济，规模经济并不意味着规模报酬递增，规模经济还可能存在于规模报酬不变或规模报酬递减阶段（Cohn，1992）。

规模经济和规模报酬从成本函数和生产函数角度为评价土地规模经营的绩效提供了标准。在成本函数分析框架下，通过规模经济系数可以判断是否为最优经济规模，并且可以测算成本效率，成本效率反映了供给侧结构性改革背景下降低成本的潜力；在生产函数分析框架下，可以通过规模报酬系数判断农业生产是否存在规模报酬递增情况进而确定是否要增加投入，同时也可以测算技术效率，反映农户在既定投入下获取最大产出的能力。对粮食生产而言，农户多是产品市场价格的接受者，实现生产成本的最小化即意味着利润的最大化，因而成本最小化与（农业）收入最大化目标是一致的；而从生产函数角度来看，提高技术效率则意味着要实现产量的最大化，这一目标与粮食安全目标存在一致性。因而，后续研究中有必要对粮食生产的规模经济效应与规模报酬效应进行对比分析。

第 3 章

典型国家土地规模经营发展趋势与我国的政策实践

美国、法国、日本是典型的农业现代化国家，不同国家的自然地理条件差异明显，土地经营规模也不尽相同。由于土地资源禀赋的差异，土地经营规模出现了以美国为代表的大型农场、以法国为代表的中型农场和以日本为代表的小型农场。本章对这 3 类典型农业发达国家的土地规模经营实践与发展趋势进行深入分析，结合我国改革开放以来土地适度规模经营的发展现状与政策实践，在对比美国、法国、日本和我国土地、人口等资源禀赋差异的基础上，论证了我国土地规模经营的必然性，提出了未来我国土地规模经营的发展方向。

3.1　典型国家土地规模经营实践与发展趋势

3.1.1　美国土地规模经营实践与发展趋势

（1）美国土地规模经营现状与特点

美国是世界上农业发达的国家之一，人均耕地资源丰富，农业人口占总人口的 2%，耕地面积占国土总面积的 20%，人均耕地面积为 9 亩，是世界平均水平的 2 倍、中国的 7 倍。农场是美国农业生产的基本单元，包括家庭农场、合伙农场和公司农场，其中家庭农场是农业生产的主要形式（见图 3.1）。根据美国农业部（USDA）的统计，截至 2014 年，美国农场数量为 208 万个，其中家庭农场数量为 205 万个，占比 98.9%，平均经营规模为 2670 亩。从规模分布来看，大规模经营是美国农场的一大特点，1000 亩以上的大规模农场占比达 31.4%（见图 3.2）。

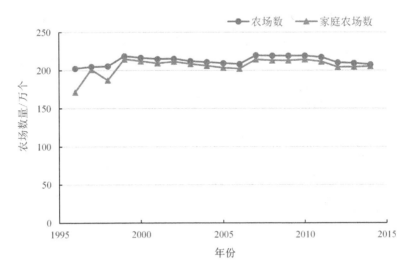

图 3.1　1996—2014 年美国的农场数量

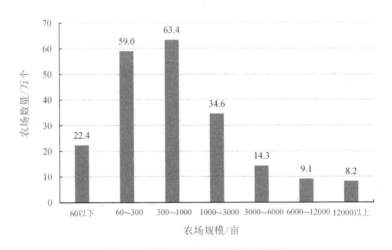

图 3.2　美国农场土地规模分布情况

数据来源：美国 2012 年农业统计报告。

按照农场总收入（gross cash farm income），美国农业部（USDA）对家庭农场规模进行了划分，家庭农场总收入小于 35 万美元的为小型农场，

35 万~100 万美元的为中型农场，大于 100 万美元的为大型农场。其中，小型农场又可以具体分为退休农场、兼业农场、职业农场。美国农业经济研究所 2015 年的报告显示，按照这一划分标准，美国小型家庭农场、中型农场和大型家庭农场比例分别为 89.6%、6.0% 和 3.3%（见表 3.1）。

表 3.1　美国农场收入规模的分布特征

农场类型		年收入 / 万美元	数量 / 个	占比 /%
小型家庭农场	退休农场	—	281738	13.6
	兼业农场	—	943137	45.4
	职业农场	—	634450	30.6
	小计	<35	1859325	89.6
中型家庭农场		35~100	124124	6.0
大型家庭农场		100~500	62706	3.0
		>500	6853	0.3
其他农场		—	23266	1.1
合计		—	2076274	100

数据来源：美国农业部 America's Diverse Family Farms 2015 Edition。

注：退休农场指农场主已经到达退休年龄但还在经营的家庭农场。

20 世纪是美国土地规模经营的重要转变时期，在土地规模经营过程中，农场规模不断变大，农场数量不断减少，从其规模化经营的发展过程来看，美国土地规模经营大致经历了 3 个阶段：小规模分散经营阶段、适度规模经营阶段和专业化大规模经营阶段（李竹转，2003）。

①小规模分散经营阶段（20 世纪初期）。在这一阶段，美国农场数量较多且呈不断增长的趋势，平均农场数量为 600 万个，单个农场平均经营规模也相对较小，为 900 亩。由于农业产业化发展水平较低，小规模分散经营是这一阶段的主要特点。

②适度规模经营阶段（20 世纪中期）。在这一阶段，美国农场数量快速减少，到末期农场数量减少到约 300 万个，而平均经营规模有了较大提高，为 2250 亩。适度规模经营是这一阶段的主要特点。

③专业化大规模经营阶段（20 世纪中后期以来）。在这一阶段，美国农场数量减少速度有所减缓，但仍呈逐步减少趋势，平均经营规模也在逐步

扩大。农业生产呈现出专业化大规模经营的特点。

（2）美国土地规模经营的主要措施

美国农场土地的规模化经营一方面得益于丰富的人均耕地资源，另一方面也离不开配套的制度设计，从其发展的几大措施来看，主要表现为以下几方面。

①明晰的土地权属关系。美国是实行土地私有制的国家，1791 年美国《权利法案》对土地的私有权利给予了法律的保护，1820 年的《土地法》进一步明确土地可以自由买卖，1862 年的《宅地法》确立了农场主的土地所有制。同时，美国实行严格的土地管理制度，对土地的用途、土地传承实行管控，避免了土地买卖、继承过程中的细碎化问题（董雪娇和汤惠君，2015）。这一系列的法律和制度规范保护了土地所有者的基本权利，奠定了家庭农场经营的基本形式。

②完善的农业支持政策。美国农场规模化经营受益于政府完善的支持政策，通过采用土地政策、信贷政策、价格政策、补贴政策等综合措施，鼓励农场主开展规模经营（张士云等，2014）。其中补贴政策以农业直补为主，包括农场主收入补贴、自然灾害保险补贴和价格损失补贴。完善的补贴政策有效降低了规模经营带来的风险，保障了农场主的利益。

③健全的农业服务体系。以农业部农场服务局、农场协会等组织为依托，美国构建了全国性农业公共服务体系（张云华，2016）。农场服务局是政府部门，负责制订发展计划，并向农场提供金融保险、生态保护、农产品供销、灾害援助、价格支持等服务。农场协会则是非政府组织，由农场主自组织，作为政府服务的有益补充，农场协会主要为农场主提供技术培训、生产销售、金融信贷等服务。

④生产的机械化与信息化。科技进步是美国农业发展的重要推动力量。以机械化、信息化为依托，美国构建了健全的农业科研与技术推广体系，高度发达的农业机械和数字化的管理技术为农场规模经营提供了必要条件。早在 20 世纪 60 年代，美国就实现了粮食生产全程机械化，其他经济作物也实现了全面的机械化。

（3）美国土地规模经营的发展趋势

自20世纪80年代以来，美国家庭农场规模趋于稳定（见图3.3），但从种植业农场规模发展趋势来看，其土地规模还在不断扩大。美国农业部经济发展研究报告显示（MacDonald, et al., 2013），美国种植业农场以大规模经营为主，截至2011年，平均种植规模为6600亩，相比1982年的3500亩增长了近1倍。从地区分布来看，全美90%的州农场规模有所增长，32%的州农场规模增长超过1倍，其中中部玉米带和北部平原带增长最快；从作物分布来看，4种主要粮食作物（玉米、水稻、大豆和小麦）和35种水果蔬菜的种植规模增长均超过了1倍。

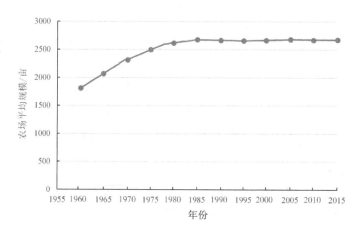

图 3.3　1960—2015年美国农场平均规模变动情况

数据来源：美国农业部历年农业统计报告。

该研究报告同时指出，对于玉米、大豆和小麦3种粮食作物，以及水果、蔬菜等经济作物，土地规模的扩大并没有带来效益的损失，反而实现了劳动和资本的集约，并提高了回报率（见图3.4和图3.5）。由此可知，大规模农场有较好的经济效益，从而将推动土地规模继续扩大。

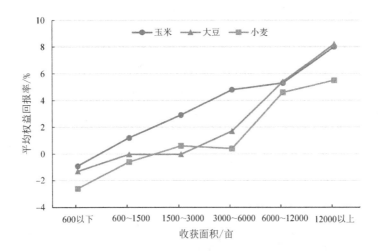

图 3.4　2008—2011 年美国粮食种植农场平均收益率的规模差异

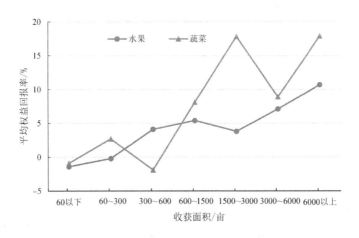

图 3.5　2008—2011 年美国种植经济作物农场平均收益率的规模差异

数据来源：美国农业部经济发展研究报告。

注：1. 平均权益回报率为净收益除以净资产。

2. 种植业农场规模为耕地面积，其收获面积约为耕地面积的 3/4。

3.1.2　法国土地规模经营实践与发展趋势

（1）法国土地规模经营现状与特点

法国是世界上农业发达的国家之一，国土面积居欧洲第二位，农业产值占欧盟农产品总产值的 18%，是仅次于美国的世界农产品第二大出口国。法国人均耕地面积 4.5 亩，是中国的 3.5 倍。法国农业用地占国土面积的 54%，其中，种植业占 36%，畜牧业占 18%。法国农业以农场、企业、合作社为基本生产单位，其中农场以家庭农场为主，家庭劳动力占总劳动力的 92%。2011 年法国统计年鉴显示，法国有农场 101.7 万个，平均规模为 820 亩。其中，750 亩以上的大中型农场有 17.2 万个，占比 16.91%（见图 3.6）。

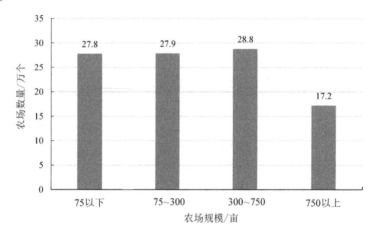

图 3.6　法国农场土地规模分布情况

数据来源：2011 年法国统计年鉴。

从法国土地规模经营的历程来看，法国农业呈现明显的阶段性特点。

①资本主义小农经济时代（20 世纪 50 年代以前）。20 世纪 50 年代以前，小农经济是法国农业的一大特点。18 世纪到 19 世纪末期，法国农业人口占总人口的 70%~80%，而到 20 世纪中期，农业人口占比仍接近 50%，土地细碎化、分散化经营是这一时期的突出特点，并成为阻碍法国农业现代化的重要因素。

②资本主义大农场时代（20 世纪 50 年代以来）。20 世纪 50 年代以来，法国开始开展土地的规模经营，通过土地整治与农村安置公司，收购小块土地并转卖给大农场主，农场数量逐渐减少，土地规模得到了逐步扩大。在这一时期，大农场、大合作社、大企业逐步取代小农经济，成为法国农

业的规模经营主体。

（2）法国土地规模经营的主要措施

法国自然条件优越，耕地资源丰富，但土地规模相对较小，究其原因在于制度因素阻碍了土地经营规模的扩大。在法国农业现代化过程中，法国政府始终将改造小农经济、扩大农场规模放在首要地位，主要体现在以下几方面。

①以法律形式鼓励土地规模经营。20 世纪 60 年代以来，法国政府陆续颁布了《农业指导法》《农业指导补充法》等法令，通过成立"乡村设施和农业治理协会"为农场规模经营提供服务，同时设立"调整农业结构行动基金""非退休金的补助金"，对自愿退出农业的小生产者给予补偿（滕淑娜和顾銮斋，2011）。

②扶持多元化的规模经营主体。法国农业规模经营的主体包括大农场、大企业和合作社。法国政府并不限制资本进入农业，相反，法国政府采取鼓励兼并的农业发展政策，资本以"农工商一体化"的形式进入农业，对传统小农经济进行改造，同时加大对规模经营主体的投资与扶持力度，并限制小生产者的发展。

③开展多种形式的土地规模经营。法国的土地规模经营形式多样，主要的形式有租赁经营、直接经营和分成制经营 3 种，其中，租赁经营是土地规模经营的主要形式，占农业用地的 60% 以上（朱学新，2013），超过 75% 的农场采用租赁形式。土地租赁制度的完善和发展促进了土地的流转，为规模经营创造了条件。

④大力推动农业机械化发展。法国拥有强大的农业机械产业，在机械工业中，农机工业产值仅次于汽车制造，农机产品丰富，配套齐全，服务网点遍布全国。为适应土地规模经营发展的需要，法国政府成立了"农机试验研究中心"，在制度设计上为农场农机购置提供低息贷款和燃油税减免优惠，高度发达的农业机械化支撑了法国农业规模化经营。

（3）法国土地规模经营的发展趋势

从法国农业发展政策和土地规模历史发展趋势来看，基于以下 3 点判断，法国农场土地经营规模将陆续扩大。

①收入目标是法国农业发展政策的基本出发点，其根本目标在于保证农业生产者收入不低于其他部门收入（蔡方柏，2010）。从这一基本政策出发，可以预见，随着居民整体收入水平的提高，在土地单位收益增长有限的情况下，法国土地经营规模还将不断扩大。

②长期的政策偏向也将促使法国农场规模不断扩大，如法国政府对中型农场和大型农场差异化的补贴政策，对 750~1500 亩的中型农场补贴 3 万欧元，而对 1500 亩以上的大型农场补贴 5 万 ~10 万欧元，这一差异化政策也将推动土地进一步集中（张新光，2009）。

③土地规模的扩大具有历史惯性。20 世纪 50 年代以来，法国政府出台了系列的规模经营政策以促进土地的规模经营，而政策实施效果的显现通常具有时滞性，从法国农场土地经营规模趋势来看，农场平均规模在不断扩大（见图 3.7），可以预见这一过程还将继续。

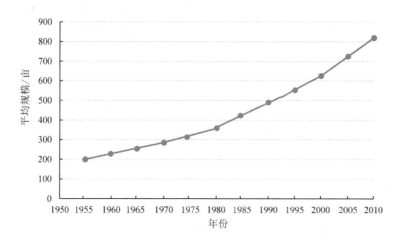

图 3.7　1955—2010 年法国农场平均规模增长情况

数据来源：法国农业部、欧盟统计年鉴。

3.1.3　日本土地规模经营实践与发展趋势

（1）日本土地规模经营现状与特点

日本是农业现代化水平较高的国家之一，20 世纪 70 年代基本实现了农业现代化。日本农业人口占总人口的 2%，国内人多地少，耕地资源匮乏，人均耕地面积仅为 0.5 亩，不到中国的 40%。耕地资源的匮乏造成了普遍的兼业化，日本 150 万农户中，兼业农户为 108 万户，占比高达 72%。

　　农业经营体是日本农业生产的主体，包括以家庭为主体的家庭经营体（家庭农场）和以法人为主体的组织经营体（高强和赵海，2015）。家庭农场是农业经营体的主要组成部分，据日本农林水产省（MAFF）的统计，2014 年日本有家庭农场 144 万个，占农业经营体总数的 97.8%。20 世纪 80 年代以来，日本家庭农场的平均规模稳步增加，户均规模从 1980 年的 18 亩增长到 2014 年的 32 亩，其中耕地流转面积占经营总面积的 33.8%。但从土地经营规模来看，小规模经营仍然是家庭农场的主要特征（见图 3.8）。

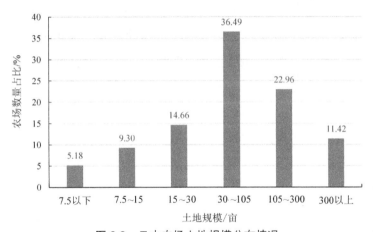

图 3.8　日本农场土地规模分布情况

数据来源：日本农林水产省 2011 年对 1603 个家庭农场的抽样调查。

　　第二次世界大战以后，日本农业得到了快速发展，从这一时期农业规模经营的发展历程来看，日本农业主要呈现以下阶段性特点。

　　①限制规模经营阶段（20 世纪 60 年代以前）。第二次世界大战后初期，日本政府大力推广"耕者有其田"的小规模家庭经营模式，将土地规模控制在 45 亩以内，废除封建半封建土地所有制，建立自耕农体制，同时，1952 年日本政府颁布了《农地法》，以法律的形式确立了小规模家庭经营为主要特征的农业经营模式。

　　②鼓励规模经营阶段（20 世纪 60 年代以后）。20 世纪 60 年代以后，

为提高农业生产力和农户收入水平，日本政府开始放宽对土地买卖的限制，鼓励土地转让以实现规模经营，并在 1961 年颁布《农业基本法》，1970 年、1982 年和 2009 年对《农地法》进行 3 次修订，放宽了土地规模限制，鼓励通过农田租赁、生产协作等方式扩大经营规模。

（2）日本土地规模经营的主要措施

匮乏的耕地资源和旧有农地制度是阻碍日本土地规模经营的重要因素，从农地制度演变来看，日本土地规模经营经历了从限制发展到鼓励发展的转变。在鼓励规模经营阶段，其主要措施体现在以下几方面。

①开展土地整理。自然条件是限制日本土地规模经营的重要因素，日本以山地丘陵为主，平原面积狭小，耕地资源匮乏。为提高耕地利用效率，日本政府制定了《土地改良法》，开展了以田块规划、灌排设施建设、土层改良和土壤改良为主要内容的土地整理活动，在土地整理的同时结合土地权属调整、地块转换，以减少土地的细碎化和分散化问题。

②鼓励土地流转。日本政府鼓励农户通过农田租赁和生产协作的形式开展土地流转，以实现土地的集中连片，3 次对《农地法》进行修订，以及《农地利用增进法》的出台，则为土地流转提供了法律保障。此外，日本政府还通过认定农业者制度，使土地流转朝有利于规模经营的方向发展（郎秀云，2013）。

③培育规模经营主体。1998 年，日本政府颁布了《农政改革大纲》，在促进家庭农场规模经营的同时，确立了以农事组合法人、公司和各种团体等为主体的农业法人，以及集落营农组织等新型农业经营主体。与家庭农场相比，这些新型农业经营主体规模普遍较大，管理也更为规范，是日本农业规模经营主体的核心（刘德娟等，2015）。

④发展农业生产服务。日本农业协同组合（农协）、集落营农组织是日本农业生产服务的主要提供者，为农业生产者提供土地租赁、土地托管、土地调整、金融保险、技术指导、生产销售等综合性农业生产服务（高强和赵海，2015）。发展农业生产服务促进了土地的集约化经营，实现了生产的小规模和服务的大规模（杨万江，2015）。

（3）日本土地规模经营的发展趋势

小规模经营并不利于农民收入水平的提高，同时也阻碍了农业生产效率的提高。从日本农业政策调整和土地规模经营实践可以看出，日本农业正朝着规模经营方向发展（见图 3.9 和图 3.10），家庭农场数量在逐年减少，而平均规模逐步提高，组织经营体规模和数量都在不断增大（周应恒等，2015）。

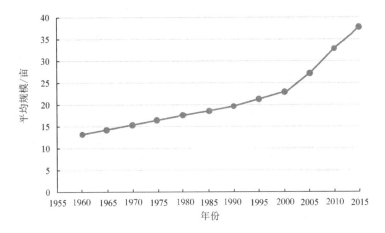

图 3.9　1960—2015 年日本家庭农场规模增长情况

数据来源：日本农林水产省。

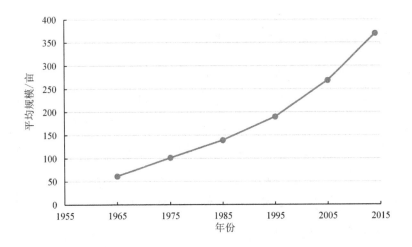

图 3.10　1965—2015 年日本组织经营体规模增长情况

数据来源：日本农林水产省。

3.2 我国土地规模经营的政策实践

3.2.1 我国土地规模经营现状

我国是传统农业大国，根据《中国农村发展报告 2020》和第三次全国国土资源调查数据，我国农业人口占总人口的 41%，耕地总面积为 19.17 亿亩，居世界第 3 位，但人均耕地资源严重不足，人均耕地面积为 1.4 亩，仅为世界平均水平的 40%。农业生产以农户为主体，第三次全国农业普查（2016 年）数据显示，我国有农户 2.07 亿户，户均经营规模 9.7 亩，相比第一次全国农业普查（1996 年）的 2.1 亿农户，户均经营规模 8.5 亩，在农户数量和户均规模上并没有显著变化。总体而言，小规模经营仍然是我国农业生产的基本特点。

在土地规模经营过程中，我国出现了专业大户、家庭农场、农业企业、农民专业合作社等新型农业经营主体，规模化经营是这些新型农业经营主体的一大特点。农业农村部调查数据显示，截至 2019 年年底，我国共有家庭农场 85.3 万个，平均经营规模为 216 亩。

3.2.2 我国土地规模经营政策演变

改革开放后，我国确立了以家庭联产承包责任制为基础的农业生产经营制度，家庭联产承包责任制实行按人平均分配和按土地质量均匀搭配的分配政策，造成了土地的细碎化与小规模经营。为缓解土地细碎化与小规模经营的弊端，我国从 20 世纪 80 年代开始，以适度规模、主体培育、土地流转、土地整理、土地权属、农业服务等为主要内容，开展了多年的土地规模经营的探索。表 3.2 对我国改革开放以来土地规模经营相关政策文件与主要内容进行了梳理。

表 3.2　我国改革开放以来土地规模经营相关政策与内容

年份	政策文件	主要内容
1984 年	《中共中央关于一九八四年农村工作的通知》	"继续稳定和完善联产承包责任制，帮助农民在家庭经营的基础上扩大生产规模，提高经济效益。"
1986 年	《关于一九八六年农村工作的部署》	"鼓励耕地向种田能手集中，发展适度规模的种植专业户。"
1987 年	《把农村改革引向深入》	"有计划地兴办具有适度规模的家庭农场或合作农场。"
1990 年	《中共中央关于制定国民经济和社会发展十年规划和"八五"计划的建议》	"因地制宜，采取不同形式实行适度规模经营。"
1993 年	《中共中央关于建立社会主义市场经济体制若干问题的决定》	"允许土地使用权依法有偿转让。""采取转包、入股等多种形式发展适度规模经营。"
1994 年	《关于稳定和完善土地承包关系的意见》	"建立土地承包经营权流转机制。"
1996 年	《中共中央　国务院关于"九五"时期和今年农村工作的主要任务和政策措施》	"建立土地使用权流转机制，在具备条件的地方发展多种形式的适度规模经营。"
1998 年	《中共中央关于农业和农村工作若干重大问题的决定》	"稳定完善土地承包关系。""发展多种形式的土地适度规模经营。"
2001 年	《中共中央关于做好农户承包地使用权流转工作的通知》	"农户承包地使用权流转必须坚持依法、自愿、有偿的原则。""农村土地流转应当主要在农户间进行。"
2003 年	《中共中央关于完善社会主义市场经济体制若干问题的决定》	"建立归属清晰、权责明确、保护严格、流转顺畅的现代产权制度。""农户在承包期内可依法、自愿、有偿流转土地承包经营权，完善流转办法，逐步发展适度规模经营。"
2005 年	《中共中央　国务院关于进一步加强农村工作提高农业综合生产能力若干政策的意见》	"承包经营权流转和发展适度规模经营，必须在农户自愿、有偿的前提下依法进行，防止片面追求土地集中。"
2008 年	《中共中央关于推进农村改革发展若干重大问题的决定》	"加强土地承包经营权流转管理和服务，建立健全土地承包经营权流转市场，按照依法自愿有偿原则，允许农民以转包、出租、互换、转让、股份合作等形式流转土地承包经营权，发展多种形式的适度规模经营。有条件的地方可以发展专业大户、家庭农场、农民专业合作社等规模经营主体。""大规模实施土地整治。""建立新型农业社会化服务体系。"

续表

年份	政策文件	主要内容
2010 年	《中共中央 国务院关于加大统筹城乡发展力度进一步夯实农业农村发展基础的若干意见》	"加强土地承包经营权流转管理和服务，健全流转市场，在依法自愿有偿流转的基础上发展多种形式的适度规模经营。""推动家庭经营向采用先进科技和生产手段的方向转变，推动统一经营向发展农户联合与合作，形成多元化、多层次、多形式经营服务体系的方向转变。"
2012 年	《中共中央 国务院关于加快推进农业科技创新持续增强农产品供给保障能力的若干意见》	"按照依法自愿有偿原则，引导土地承包经营权流转，发展多种形式的适度规模经营，促进农业生产经营模式创新。""健全农业标准化服务体系。"
2013 年	《中共中央 国务院关于加快发展现代农业进一步增强农村发展活力的若干意见》	"坚持依法自愿有偿原则，引导农村土地承包经营权有序流转，鼓励和支持承包土地向专业大户、家庭农场、农民合作社流转，发展多种形式的适度规模经营。""逐步扩大农村土地整理规模。""加快构建公益性服务与经营性服务相结合、专项服务与综合服务相协调的新型农业社会化服务体系。"
2014 年	《关于引导农村土地经营权有序流转发展农业适度规模经营的意见》	"在坚持土地集体所有的前提下，实现所有权、承包权、经营权'三权'分置，形成土地经营权流转的格局，大力培育和扶持多元化新型农业经营主体，发展农业适度规模经营。""重点支持发展粮食规模化生产。""建立健全农业社会化服务体系。"
2015 年	《中共中央 国务院关于加大改革创新力度加快农业现代化建设的若干意见》	"坚持和完善农村基本经营制度，坚持农民家庭经营主体地位，引导土地经营权规范有序流转，创新土地流转和规模经营方式，积极发展多种形式适度规模经营，提高农民组织化程度。鼓励发展规模适度的农户家庭农场，完善对粮食生产规模经营主体的支持服务体系。"
2016 年	《中共中央 国务院关于落实发展新理念加快农业现代化实现全面小康目标的若干意见》	"积极培育家庭农场、专业大户、农民合作社、农业产业化龙头企业等新型农业经营主体。支持多种类型的新型农业服务主体开展代耕代种、联耕联种、土地托管等专业化规模化服务。"

资料来源：新华社、人民网、新华网。

从我国土地规模经营政策实践历程来看（见图 3.11），大致有以下几个阶段性特点。

①培育规模经营主体、发展适度规模经营（20 世纪 80 年代以来）。在这一阶段，土地规模经营政策突出强调适度规模，培育和发展家庭农场、专业大户、农民专业合作社、农业企业等规模经营主体。

②明晰土地权属关系、推动土地经营权流转（20 世纪 90 年代以来）。在这一阶段，土地产权制度改革开始成为土地规模经营的重要内容，以土地产权制度改革为动力，坚持土地集体所有，稳定农户土地承包权，推动土地经营权的流转。

③构建农业服务体系与开展土地整理（21 世纪初期以来）。在这一阶段，农业社会化服务和土地整理开始成为土地规模经营的重要内容，鼓励开展多种形式的规模化服务，同时大力开展土地整理，以减少土地细碎化。

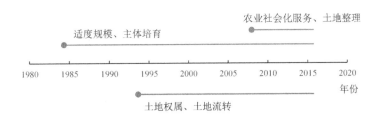

图 3.11　我国土地规模经营的政策演变

土地流转是实现土地规模经营的直接手段，为推动土地经营权的流转，我国在法律法规上也进行了相应制度设计（见表 3.3）。1986 年我国《土地管理法》的颁布标志着改革开放以来土地法制建设的开端，随后的《中华人民共和国宪法修正案（1988 年）》《农村土地承包法》《农村土地承包经营权流转管理办法》《物权法》则从不同层面对土地流转做出详细规定，为土地流转的开展提供法律保障。

表3.3　我国土地流转相关法律法规

年份	法律法规	主要内容
1986 年	《土地管理法》	"土地使用权可以依法转让。""严格限制农用地转为建设用地,控制建设用地总量,对耕地实行特殊保护。"
1988 年	《中华人民共和国宪法修正案(1988 年)》	宪法第十条第四款"任何组织或者个人不得侵占、买卖、出租或者以其他形式非法转让土地。"修改为:"任何组织或者个人不得侵占、买卖或者以其他形式非法转让土地。土地的使用权可以依照法律的规定转让。"
2003 年	《农村土地承包法》	"国家保护承包方依法、自愿、有偿地进行土地承包经营权流转。""承包方依法享有承包地使用、收益和土地承包经营权流转的权利。"
2005 年	《农村土地承包经营权流转管理办法》	对流转当事人的权利和义务、流转方式、流转合同、流转管理做出了详细规定。
2007 年	《物权法》	"土地承包经营权人依照农村土地承包法的规定,有权将土地承包经营权采取转包、互换、转让等方式流转。"

资料来源:新华网、中国人大网。

注:1988 年、1998 年和 2019 年,我国对《土地管理法》进行了 3 次修订。

3.3　典型国家土地规模经营对我国的启示

3.3.1　典型国家与我国的农业基本情况对比

我国与美国、法国、日本的农业生产自然条件、社会经济条件相差较大,各个国家土地规模经营的历程与道路选择也不尽相同。在借鉴典型农业发达国家土地规模经营经验的同时,有必要简要介绍各国在农业生产上的差异。人均耕地资源、农业劳动力数量、农业增加值是影响土地经营规模的直接因素,也是规模经营道路选择需要重点考虑的因素。下面选取 4 个指标,分别对中国、美国、法国和日本的人均耕地资源、农村人口数量、农业就业人员占比和农业增长加值占 GDP 比重进行了对比分析(见图 3.12~图 3.15)。

（1）中国、美国、法国和日本的人均耕地资源差异

美国是人均耕地资源丰富的国家，其次为法国，日本人均耕地资源非常匮乏，我国人均耕地资源相对匮乏，介于法国和日本之间。人均耕地资源的富裕程度直接决定了一国土地经营的规模，从户均规模来看也是如此，美国农场户均规模要远大于法国、日本和中国。

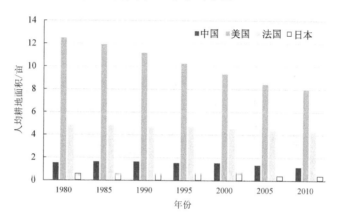

图 3.12　中国、美国、法国和日本的人均耕地资源对比

（2）中国、美国、法国和日本的农村人口数量差异

我国是农村人口绝对数量最多的国家，尽管农村人口数量从 20 世纪 80 年代至今显著减少，但农村人口基数仍旧较大。截至 2010 年，我国农村人口数量为 6.09 亿人，占总人口的 44.4%。较多的农村人口和较高的农村人口比重不利于农业生产效率提高。

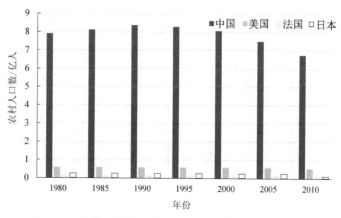

图 3.13　中国、美国、法国和日本农村的人口数量对比

（3）中国、美国、法国和日本的农业就业人员占比差异

我国农业就业人员占比远高于美国、法国和日本。截至 2010 年，我国农业就业人员占 36.7%，而美国、法国和日本的农业就业人员占比分别为 1.6%、2.9% 和 3.7%。大量劳动力滞留在农村不利于我国农业劳动生产率的提高。

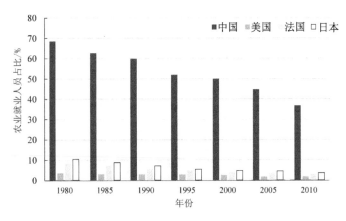

图 3.14　中国、美国、法国和日本的农业就业人员占比对比

（4）中国、美国、法国和日本的农业增加值占 GDP 比重差异

我国农业增加值占 GDP 的比重远高于美国、法国和日本，产业结构相对美国、法国和日本仍处于较低层次，转型升级任重道远。截至 2010 年，我国农业增加值占 GDP 的比重为 10.1%，而美国、法国和日本的农业增加值占 GDP 的比重分别为 1.18%、1.74% 和 1.16%。

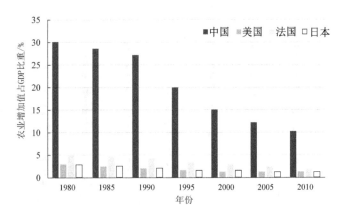

图 3.15　中国、美国、法国和日本的农业增加值占 GDP 比重对比

3.3.2 典型国家对我国土地规模经营的启示

从世界典型农业发达国家土地规模经营的实践中可以看出,规模经营是现代农业发展的一般趋势,但各国由于自然地理条件、社会经济条件不同,在规模经营的道路选择、经营规模上差异明显。总结美国、法国和日本土地规模经营的实践与发展趋势,结合我国土地规模经营的政策实践,有以下几点启示。

(1)土地经营规模的确定

土地规模的确定有其自身逻辑,与一国自然地理条件、经济发展水平密切相关,农业现代化并不必然要求土地的大规模经营。美国、法国和日本同为农业大国,农业现代化均处于世界先进水平,但 3 国的土地经营规模差异明显:美国农场的平均规模为 2670 亩;法国农场的平均规模为 820 亩;日本的组织经营体平均规模为 370 亩,农场平均规模为 32 亩。相比而言,我国农场的平均规模为 200 亩,而普通农户的平均规模仅为 8 亩。较小的规模与我国人多地少、人均耕地资源匮乏,以及农业劳动力基数较大、占比较高的国情是相适应的。

农业现代化需要规模经营,但在推进我国土地规模经营的过程中,政策的制定需要结合地区自然地理条件和社会经济发展水平。我国南北自然条件有差异,以及东部、中部、西部地理环境差异巨大,东北地区人均耕地面积和土地经营规模均在全国前列,而西部高原山地人均耕地面积则相对较少,土地经营规模也相应较小。此外,地区经济发展水平影响农业劳动人口的转移程度(郭熙保和冯玲玲,2015),是实现土地规模经营的前提,在劳动力实现大量转移就业的地区,可以适度扩大规模经营主体的规模,小农经营与规模经营主体可以并存。

(2)土地规模经营的道路选择

土地流转是实现土地规模经营较为直接的方式。土地流转的形式多种多样,美国、法国和日本是实行土地私有制的国家,土地可以自由买卖。在以大规模经营为主要特征的美国,土地买卖是实现规模经营的主要形式;在以中等规模为主要特征的法国,土地租赁是实现规模经营的主要形式；而在以小规模为主要特征的日本，土地整理、地块转换则是实现规模经营的主要形式。其形式选择的差异主要取决于土地转入者、转出者和政府（或非政府机构）三方博弈力量。相对而言，我国农户拥有的是土地不完全产权，其中经营权可以自由流转，在土地流转形式上，也探索出了转包、出租、互换、转让、股份合作、土地整理等多种形式。

农业服务是实现规模经营的另一条道路，可以实现服务的规模经营。美国有农场服务局和农场协会等农业服务组织为农业生产者提供服务，日本则有农协、集落营农等组织为农业生产者提供服务。其中，日本的农业服务组织为生产者提供土地租赁、土地托管、土地调整等与规模经营直接相关的农业服务，还提供金融保险、技术指导、生产销售等有利于小生产者联合的农业服务。日本与我国的人均耕地资源状况相近，我国也在通过不断完善农业社会化服务体系，鼓励开展多种形式的规模化服务。面对土地分散经营的问题，我国有必要加快农业服务的发展，在产中环节小规模生产的基础上，实现产后、产前环节的规模化和服务的规模化。

（3）土地经营退出者权益维护

在土地规模经营过程中，土地规模的扩大必然伴随着生产者数量的减少。妥善解决农业生产退出者权益维护问题，不仅关系到社会稳定，也影响土地规模经营的可持续性。美国、法国、日本实行土地私有制，土地可以自由买卖，但放任自由的做法并不可取。小生产者众多的日本，也并没有采取放任土地的兼并措施，相反，在初期还通过立法限制土地兼并，保护小生产者利益。同样，我国也面临小生产者众多的问题，在推进土地规模经营过程中，如何维护小生产者权益也是需要重点考虑的问题。

明晰土地权属是维护小生产者权益的前提。美国通过《权利法案》《土地法》《宅地法》等法律明确了生产经营者对土地的所有权，法国、日本的情况也基本类似。由于我国土地所有制与美国、法国和日本不同，我国在推进土地规模经营过程中，通过不断厘清土地权属关系，对土地产权进行了分解，提出土地所有权、承包权、经营权"三权"分置，即坚持集体对土地的所有权，稳定农户的土地承包权，放活土地经营权。这一制度设计坚持了我国农村基本经营制度，兼顾了土地转入者和转出者的利益，在我国探索土地承包权退出机制过程中有必要坚持和完善。

（4）规模经营主体培育

规模经营主体是实现土地规模经营的中坚力量。在美国、法国和日本，农场是农业生产数量较多的农业生产主体，但从规模经营主体来看，不同国家存在一定差异。在以大规模经营为主要特征的美国，农场是农业生产的主体，同时也是规模经营的主体；在以中等规模为主要特征的法国，规模经营主体包括大农场、大企业和大合作社；而在以小规模为主要特征的日本，规模经营主体则主要为农事组合法人、公司和团体等组织经营体，农场经营规模相对较小。

差异化的发展政策是推动规模经营主体发展的重要因素。在推进土地规模经营过程中，美国、法国和日本针对不同的主体制定了差异化的发展政策：美国综合采用信贷政策、价格政策、补贴政策等措施，保障规模经营农场的收入；法国也以保障规模经营主体收入为目标，制定相关扶持政策；日本则主要采取认定农业者制度、农业法人制度，发展规模经营主体。在土地规模经营探索过程中，我国出现了专业大户、家庭农场、农民专业合作社、农业龙头企业等规模经营主体，并在土地流转、金融保险、农业补贴等政策上向规模经营主体倾斜，以扶持规模经营主体的发展。在推进土地规模经营过程中，我国对规模经营主体的扶持与培育力度还需进一步加强。

3.4 本章小结

本章以世界典型农业发达国家——美国、法国和日本为例，梳理了以大规模经营为主要特征的美国、以中等规模为主要特征的法国和以小规模为主要特征的日本的土地规模经营的发展现状、阶段性特点、主要措施和发展趋势，然后对我国土地规模经营的发展现状、政策实践和阶段性特点进行了归纳整理。在对比中国、美国、法国和日本4国农业基本情况的基础上，结合各国的自然地理条件和社会经济发展水平，本章在土地经营规模的确定、土地规模经营的道路选择、土地经营退出者权益维护、规模经营主体培育4个方面提出了具有针对性的启示。

（1）主要结论

①土地规模经营是农业现代化的必然趋势，美国、法国、日本的农业现代化过程均伴随着土地的规模经营，只是受自然地理条件、农村资源条件、历史因素的约束，土地经营规模有所差异，但规模经营的发展趋势是一致的。

②土地流转和农业服务是实现土地规模经营的两条不同路径。不同国家的土地流转形式明显不同，美国、法国和日本分别采取了土地自由买卖、土地租赁、土地整理和地块转换的形式，但美国、法国和日本在农业服务的规模经营方面的发展方向是一致的。

③土地的规模经营必然伴随着生产者数量的减少，在维护土地经营退出者的权益上，美国、法国和日本均通过立法明晰土地权属关系，保护生产者的土地权利，维护土地经营退出者的权益。

④土地的规模经营离不开规模经营主体，美国、法国和日本的土地规模经营主体明显不同，以大规模经营为特征的美国为农场，以中等规模经营为特征的法国为大农场、大企业和大合作社，以小规模经营为特征的日本为法人化组织经营体。

（2）启示与思考

①农业现代化进程中需要坚持土地的规模经营，但经营规模的确定需要结合地区的自然地理条件、经济发展水平综合确定，不同地区土地规模可以有明显差异，在实践中要避免全国一刀切式地划定适度规模来制定相应发展政策。

②当前我国小生产者众多，依靠大规模的土地流转实现土地规模经营的道路不太现实，其间也遇到很多瓶颈，但服务的规模经营是一条值得重点考虑的道路，在土地规模经营过程中需要重点加快农业服务的发展。

③土地规模经营过程中，维护土地经营权转出者的土地权益以及承包权退出者的权益关系到社会的稳定和土地规模经营的可持续性，在制度设计和具体实践过程中需要谨慎操作，切实维护土地经营退出者的权益。

④规模经营主体是土地规模经营的中坚力量，在小农户众多的情况下，培育新型农业经营主体对于促进土地规模经营意义重大，今后需要进一步完善对专业大户、家庭农场、农民专业合作社、农业龙头企业等规模经营主体的扶持力度。

第 4 章

水稻种植农户土地经营规模的现状、差异及其诱因

自然地理条件的差异和社会经济条件的差异决定了我国土地规模经营呈现出区域性特点。在分析不同地区农户土地经营规模差异时，农民分化、农业生产性服务业的发展是两大不可忽略的社会经济因素。本章以我国 12 个省份、61 个县（市）的 3687 个水稻种植农户为研究对象，分析了农户土地经营规模差异，从农民分化、农业生产性服务以及农户个体特征和生产特征等角度解释了经营规模差异的成因。

4.1 我国水稻种植农户土地经营规模的现状

4.1.1 农户耕地经营规模与耕地利用情况

农业生产的土地包括耕地、林地、草地和其他农用地，耕地是种植业基本的生产要素，对水稻种植农户而言，分析耕地经营规模与土地规模经营是一致的，后续分析中对这一概念不做区分。稳定耕地面积对于稳定粮食生产意义重大，刘忠等（2013）对我国粮食增产贡献因素的研究表明，耕地面积对粮食增产贡献最大，其次为单产和结构调整，贡献率分别为 46.3%、44.2% 和 9.5%。因而，后续分析中将重点分析水稻种植农户耕地规模经营情况。

（1）农户耕地经营规模

从被调查的水稻种植农户耕地经营规模（见表 4.1）来看，我国水稻种植农户的户均耕地面积为 40.49 亩，由于我国地理环境、经济发展水平差异较大，不同省份的户均耕地面积也存在明显差异，户均耕地面积较大的省份为黑龙江、浙江，其户均耕地面积分别为 267.27 亩和 109.38 亩。从调查情况来看，浙江省户均耕地面积较大，主要原因在于从 2010 年开始，浙江开展了粮食生产功能区建设，以农地流转和土地整理实现了耕地相对集中，促进了土地的规模经营。

尽管被调查农户都以水稻种植为主，但不同省份农户的稻田经营面积差异较大，面积最大的省份黑龙江户均面积为 265.89 亩，而面积最小的省份贵州户均面积为 2.77 亩。全国平均而言，户均稻田面积为 37.85 亩，占耕地面积的比重为 93.47%。土地流转是实现规模经营的重要途径，被调查农户中，户均转入稻田面积为 28.62 亩，占稻田总面积的 75.61%。

表 4.1　水稻种植农户耕地经营规模

样本省份	户均耕地面积 / 亩	户均稻田面积 / 亩	转入稻田面积 / 亩
福建	15.78	14.26	9.82
广东	5.65	4.28	0.95
广西	10.21	6.19	1.25
贵州	3.96	2.77	0.31
海南	10.78	5.63	1.23
黑龙江	267.27	265.89	225.65
湖北	16.02	13.91	4.45
湖南	14.52	14.01	5.03
江苏	16.73	16.25	10.14
江西	14.50	13.23	8.03
四川	33.47	29.34	24.88
浙江	109.38	97.88	76.80
样本平均	40.49	37.85	28.62

（2）农户耕地利用情况

复种指数是反映耕地利用情况的重要指标，水稻生产复种指数的计算公式为：（全年水稻播种面积 ÷ 耕地面积）×100%。复种指数越高，稻田利用率也越高，反之则越低。提高耕地复种水平，能够较好地实现土地节约，增加粮食总产量，是保障粮食安全的重要措施（谢花林和刘桂英，2015）。

从被调查的水稻种植农户耕地利用情况（见表4.2）来看，水稻种植农户的平均复种指数为111.84%。不同省份单季稻、双季稻种植制度存在明显差异：复种指数较高的省份为广东、广西、湖南和海南，分别为181.67%、170.28%、167.26%和167.21%；而复种指数较低的省份为贵州、黑龙江、江苏和四川，这些省份以种植单季稻为主，复种指数为100.00%。

表4.2　水稻种植农户耕地利用情况

样本省份	早稻播种面积 / 亩	中晚稻播种面积 / 亩	复种指数 /%
福建	2.38	13.36	110.39
广东	4.06	3.73	181.67
广西	5.81	4.74	170.28
贵州	0.00	2.77	100.00
海南	5.15	4.26	167.21
黑龙江	0.00	265.89	100.00
湖北	0.89	13.10	100.60
湖南	10.04	13.39	167.26
江苏	0.00	16.25	100.00
江西	3.86	10.93	111.71
四川	0.00	29.34	100.00
浙江	59.13	66.63	128.48
样本平均	6.79	35.54	111.84

4.1.2　转入户与非转入户的特征差异

农地流转是实现土地规模经营的主要形式，不同农户在耕地特征、个体特征和生产特征上都可能存在一定差异。下面主要从转入户（流转户）与非转入户（非流转户）角度对农户的这些特征进行区分，对转入稻田的农户取值为1，未转入稻田的农户取值为0，并对转入户与非转入户的不同特征进行 t 检验以反映其差异的显著性。样本农户中，转入户与非转入户的户数分别为805户和2616户，占农户总数的23.53%和76.47%。

（1）耕地特征差异

我们可以用稻田面积、稻田块数和块均面积衡量农户耕地特征，其中稻田块数和块均面积反映了土地细碎化程度，而土地细碎化程度是地块层面规模经营的重要衡量指标。在农户总面积不变的情况下，土地细碎化程度越低，相应规模越大。由统计结果可知，转入户与非转入户的耕地特征存在显著差异（见表 4.3）：转入户的稻田面积显著高于非转入户，户均稻田面积分别为 130.65 亩和 8.84 亩；块均面积的差异也明显，转入户的稻田块均面积为 8.34 亩，显著高于非转入户的 1.41 亩。这表明在土地流转过程中，农户通过土地整理减少了经营的土地细碎化程度，实现了土地的规模经营。

表 4.3　转入户与非转入户的耕地特征差异

项目	转入户	非转入户	t 检验
稻田面积 / 亩	130.65	8.84	−35.34***
稻田块数 / 块	27.73	7.10	−23.32***
块均面积 / 亩	8.34	1.41	−30.27***

注：*** 表示在 1% 的水平上显著。

（2）个体特征差异

我们可以用户主年龄、户主受教育年限、户主水稻种植年限、家庭劳动力人数和家庭人均纯收入 5 个指标反映农户个体特征差异。从统计结果来看，转入户与非转入户的个体特征差异较为明显（见表 4.4）。转入户的户主年龄相对较小，平均年龄为 48 岁，而非转入户的户主平均年龄为 52 岁；转入户的户主受教育年限略低于非转入户，分别为 8.54 年和 9.27 年；转入户的户主水稻种植经验显著低于非转入户，分别为 19.00 年和 28.88 年。户主的这些特征差异反映了我国水稻规模种植农户相对年轻化的特点，但高素质农户离农现象也更明显。此外，转入户的家庭劳动力人数和家庭人均纯收入均高于非转入户。

表 4.4 转入户与非转入户的个体特征差异

项目	转入户	非转入户	t 检验
户主年龄 / 岁	48.15	52.22	11.42***
户主受教育年限 / 年	8.54	9.27	6.71***
户主水稻种植年限 / 年	19.00	28.88	18.64***
家庭劳动力人数 / 人	3.12	2.97	−3.19***
家庭人均纯收入 / 万元	2.45	1.10	−21.80***

注：*** 表示在 1% 的水平上显著。

（3）生产特征差异

我们可以从农户是否雇工、是否购买农机、是否生产商品、是否购买水稻保险、是否参加技术培训和是否农民专业合作社社员 6 个层面衡量农户的生产特征。统计结果表明，转入户与非转入户的生产特征存在显著差异（见表 4.5）。转入户的雇工比例、购买农机比例、商品生产比例、购买水稻保险比例、参加技术培训比例和参加农民专业合作社比例均显著高于非转入户。转入户由于土地经营规模相对较大，在自家劳动力数量约束下，更倾向于雇工或购买农业机械，而且粮食生产更多是面向市场，商品化率较高，风险偏好特点也更为明显，购买水稻保险比例较高；此外，转入户对水稻生产技术需求也更强，更可能参加专业技术培训，并且转入户与合作社的联系也相对密切，合作社对其带动作用也更强。

表 4.5 转入户与非转入户的生产特征差异

项目	转入户	非转入户	t 检验
是否雇工	0.75	0.23	−31.93***
是否购买农机	0.60	0.27	−19.02***
是否生产商品	0.54	0.28	−14.80***
是否购买水稻保险	0.76	0.56	−10.88***
是否参加技术培训	0.91	0.76	−9.97***
是否农民专业合作社社员	0.61	0.57	−2.05***

注：*** 表示在 1% 的水平上显著。

4.2　分化视角下的农户土地经营规模差异

4.2.1　农民分化的测量

农民分化是一个社会学问题，也是一个经济学问题，学者对农民分化的测量开展了一定研究，但并没有形成统一的标准。相关研究有：陆学艺（2004）在《当代中国社会流动》一书中指出，农业劳动者阶层是中国规模庞大的一个阶层，地区因素、经营项目和经营规模是影响农民阶层内部经济收入和生活水平的重要因素，按照经营的多元化程度和经营规模的大小，可以把农业劳动者分为专业农户、兼业农户和普通农户 3 类；万能和原新（2009）从职业分化、收入分化和消费分化 3 个维度刻画了农民阶层的内部分化，并指出这种分化存在显著的地区差异和家庭差异；Zhang & Donaldson（2010）从农业生产的要素来源和产品所有权属性对农民进行了区分，将农民分为职业型农民、企业家型农民、契约型农民和农场工人；赵晓峰等（2012）从农民与农业的关系以及专业化程度出发将农民划分为脱农农民、亦工亦农农民、在村兼业农民、规模化经营大户和一般农业经营者 5 个阶层；陈胜祥（2013）从职业分化、经济分化和社会阶层分化 3 个维度刻画了农民分化，分别从职业类别、家庭纯收入和社会地位 3 个角度进行了测量；刘洪仁（2009）将农民分化分为以职业为主的水平分化和以经济收入为主的垂直分化，并用非农劳动占比、人均纯收入测量了这两种分化。

尽管对农民分化的测量没有统一的标准，但从已有研究可以看出，经济因素和社会因素是衡量农民分化的重要指标，而经济因素主要包括职业和收入两个方面（Hao, et al., 2013；陈春生，2007；王春超，2009）。从农业生产角度看，经济因素是需要重点考察的内容，但从职业和收入两个维度对农民分化进行划分，仅考察了农民阶层之间的分化，无法衡量农民阶层内部的分化。随着我国农村土地制度改革、城乡经济体制改革和户籍制度改革的不断推进，农民阶层之间和阶层内部的分化速度也在不断加快，出现了身份农民（如农民工）、职业农民（如家庭农场、专业大户）、传统生计型小农并存的局面。农民分化不仅体现为阶层之间的分化，还体现为阶层内部的分化。从阶层之间的分化来看，以非农就业为主、非农收入为主的农户决策目标多是家庭效用的最大化，而且在效用函数中农业影响相对较小；从阶层内部的分化来看，不同农户的生产经营目的存在较大差异，以市场为导向进行生产的农户决策目标多是利润最大化，并以利润最大化为目标进行资源和要素的优化配置。

基于上述分析，在借鉴已有研究的基础上，从农民职业分化、收入分化和主体分化3个维度对农民分化进行刻画，分别用非农劳动占比、非农收入占比和稻谷商品化率来表示。职业分化、收入分化刻画了农民阶层之间的分化，体现为农业和非农业的区别；主体分化则刻画了农民阶层内部的分化，体现为新型职业农民和传统生计型农民的区别。

（1）职业分化

农民的职业分化是指农民从以土地为主要生产资料的经营活动中分离出来，从事农业以外的经营活动（李逸波和彭建强，2014）。随着我国工业化、城镇化的推进，农民职业分化的速度也在加快，农民逐渐由过去单一的农业职业向非农职业转变（陆学艺，2004）。本研究以非农劳动力占家庭劳动力总数的比例来表示职业分化。非农劳动占比越高，农民劳动力非农配置行为越明显，要素非农化程度也越高。

（2）收入分化

农民收入分化是指农民经济收入差距拉大以及由此带来的政治和社会地位的分化。随着我国农村劳动力转移就业的加快，农民收入分化也在加剧，非农收入占家庭总收入的比重在不断增长（刘长庚和王迎春，2012）。本研究以家庭非农收入占家庭总收入的比重来表示收入分化。非农收入越高的农户，其对农业的依赖性越低，对农业投入也相对更少。

（3）主体分化

对同样是以农业劳动为主、以农业收入为主的农民，按生产目的可以进一步区分出不同的农业经营主体，如新型职业农民和传统生计型小农（Zhang & Donaldson，2010），前者以商品生产为主要特征，后者以自给自足为主要特征（钱克明和彭廷军，2013）。本研究用稻谷商品化率来区分，稻谷商品化率为稻谷出售量占总产量的比重。一般而言，商品化率较高的农户可以看作新型职业农民，其生产行为更多的是面向市场，以利润最大化为目标。

4.2.2　农民分化与土地经营规模差异

已有研究表明，农民分化会影响农户土地流转意愿和行为，从而对土地经营规模产生影响（聂建亮和钟涨宝，2014；苏群等，2016；许恒周和石淑芹，2012）。按照农民分化的不同维度，本研究对农民分化与土地规模的相关性，以及农民分化与农户土地经营规模差异进行了分析。

农民分化与土地规模显著相关（见表 4.6）。其中，非农劳动和非农收入与土地规模显著负相关，而稻谷商品化率与土地规模显著正相关，表明非农劳动占比和非农收入占比较高的农户土地规模相对较小，而商品生产的农户土地规模相对较大。

表 4.6　农民分化与土地规模相关性

项目	土地规模	非农劳动占比	非农收入占比	稻谷商品化率
土地规模	1			
非农劳动占比	-0.048^{***}	1		
非农收入占比	-0.410^{***}	0.056^{***}	1	
稻谷商品化率	0.311^{***}	-0.018	-0.215^{***}	1

注：*** 表示在 1% 的水平上显著。

我们进一步按非农劳动占比、非农收入占比和商品化率进行分类，分别计算其取值，大于均值取 1，小于均值取 0，按不同取值将农户分为非农劳动占比较高和较低的农户，非农收入占比较高和较低的农户以及稻谷商品化率较高和较低的农户，比较不同分化程度农户的土地规模差异（表4.7）。可以看出，非农劳动占比较高的农户土地规模略小于较低的农户，分别为 38.83 亩和 40.33 亩；非农收入占比较高的农户土地规模显著小于较低的农户，分别为 11.70 亩和 84.84 亩；稻谷商品化率较高的农户土地规模显著大于较低的农户，分别为 62.22 亩和 4.00 亩。

表 4.7　农民分化程度与农户土地经营规模差异

项目	类别	土地规模 / 亩	t 检验
非农劳动占比	高	38.83	0.41
	低	40.33	
非农收入占比	高	11.70	20.75***
	低	84.84	
稻谷商品化率	高	62.22	−15.50***
	低	4.00	

注：*** 表示在 1% 的水平上显著。

4.3　生产性服务视角下的农户土地经营规模差异

4.3.1　我国水稻生产性服务发展现状

农业生产性服务是农业社会化服务体系的重要内容，对于促进土地规模经营具有重要意义（陈锡文和韩俊，2002）。农业生产性服务业是指为农业生产活动提供中间投入服务的产业，包括生产资料的规模供给、农业生产技术的统一服务和农产品的统一销售等多种形式（蒋和平和蒋辉，2014）。水稻产业是我国农业生产性服务发展水平较高的产业。近年来，水稻生产性服务得到了较快发展，水稻生产过程中出现了涵盖整地、育秧、移栽、病虫害防治和收割等主要生产环节的外包服务，同时出现了以代耕、代种、代收为主的农机跨区作业服务（Bouchard，et al.，2015；Guo，et al.，2015）。

水稻生产性服务贯穿于水稻产前、产中、产后各环节。本研究在参考龚道广（2000）和庄丽娟等（2011）对我国农业社会化服务体系划分和农业生产性服务分类的基础上，根据水稻生产环节的特点，将水稻生产性服务分为产前、产中和产后 3 个环节，包括农资供应、金融保险、技术服务、机械服务和加工销售服务 5 类（见表 4.8），其中，农资供应为产前环节，金融保险、技术服务和机械服务为产中环节，加工销售为产后环节。

从服务内容来看，水稻生产性服务的内容涵盖技术培训、信息咨询、金融保险，以及农资供应、农田灌溉、机耕、机播、田间管理、机收、机烘、储存、销售等多个方面，涉及金融、保险、信息、制造、运输等多个行业。

从服务来源来看，政府经济技术服务部门、农业龙头企业和农民专业合作社等服务组织，以及大中专院校、科研单位、农村金融机构等是水稻生产性服务供给的主要来源。其中：政府部门是农业社会化服务体系的建设主体，也是生产性服务供给的主体，以提供公益性服务为主；农资公司、信用社、农机公司、涉农企业等主要提供经营性服务；而农技服务站、合作社和科研院所兼具公益性和经营性，具有半公益性特点。

表 4.8　我国水稻生产性服务发展现状

服务类别	服务内容	主要来源
农资供应	种子（种苗）、化肥、农药、农膜	合作社、农资公司
金融保险	金融信贷、水稻保险、信息咨询	政府部门、信用社、科研院所
技术服务	排灌、病虫害防治、技术培训	农技服务站、合作社、涉农企业
机械服务	机耕、机插秧（机播）、机收	合作社、农机公司
加工销售	稻谷烘干、稻谷储存、订单销售	政府部门、合作社、涉农企业

注：水稻生产性服务内容与主要来源参考庄丽娟等（2011）、张晓敏和姜长云（2015）等研究以及水稻产业技术体系首席科学家的意见综合修改而成。

4.3.2　生产性服务与土地经营规模差异

农业生产性服务这一现代生产要素进入农业，有助于克服农村劳动力数量和劳动力技能不足的缺陷（王志刚等，2011），缓解传统家庭经营规模小、经营分散的弊端（董欢和郭晓鸣，2014）。实践表明，农机跨区作业、工厂化育秧、统防统治等生产性服务的有效供给，可以有效地实现资源要素的集聚，带动农业产业化和专业化分工，从而促进我国农业从传统小规模生产向现代化大规模生产转变，提高农业规模经营的集约化、专业化水平（姜长云，2011；罗必良，2014；薛亮，2008）。

农户是农业生产经营的主体，农业生产性服务作为一种要素供给，改变了农户生产经营决策的外部条件，使其土地规模经营行为发生了变化（刘承芳等，2002；刘荣茂和马林靖，2006）。在理性人假设下，农户在决定是否要扩大土地经营规模时，除土地的供给状况外，还会充分考虑农业生产性服务，如信息服务、资金服务、技术服务、农资供应服务、农产品加工销售服务等的供给状况。一方面，农业生产性服务的有效供给突破了农户原有资源禀赋的限制，农户通过信息、资金、技术和农资的获取，以及生产环节的外包，可以在自有生产要素与外部生产要素之间进行权衡，更好地实现生产要素的合理配置，提高农业生产的获利能力（龚道广，2000；郝爱民，2013），从而有利于农户扩大土地的经营规模。另一方面，农业生产性服务的发展促进了劳动分工，增加了农民的非农就业机会，促进了土地流转，而农村劳动力转移、土地流转直接促进了土地的规模经营（廖西元等，2011；钟甫宁和纪月清，2009）。

为分析水稻生产性服务对农户土地规模经营行为的影响，需要对生产性服务使用程度进行量化。部分学者采用生产性服务使用费用占比进行量化（张忠军和易中懿，2015），这一量化方法不能全面反映公益性或半公益性服务的使用情况，因而本研究参考李颖明等（2015）的方法，以农户水稻生产性服务实际使用情况来进行量化分析。具体而言，按照水稻生产性服务供给的不同类别，以 0，1 对各类服务的具体内容进行赋值，0 表示农户没有使用该项服务，1 表示农户使用该项服务，然后对每一类别的服务内容进行水平加总，取其均值作为该类服务的代理变量，用以反映农户对该类生产性服务的使用程度。

水稻生产性服务与农户土地经营规模显著正相关（见表4.9）。产前环节的农资供应服务，产中环节的金融保险服务、技术服务和机械服务，以及产后环节的加工销售服务与农户土地经营规模都显著正相关，表明生产性服务使用程度越高的农户，土地经营规模越大。

表 4.9　生产性服务与农户土地规模的相关性

项目	土地规模	农资供应	金融保险	技术服务	机械服务	加工销售
土地规模	1					
农资供应	0.149***	1				
金融保险	0.144***	0.080***	1			
技术服务	0.111***	0.039**	0.243***	1		
机械服务	0.251***	0.112***	0.148***	0.157***	1	
加工销售	0.128***	0.143***	0.031*	0.051***	0.194***	1

注：***，**，***分别表示在1%，5%和10%的水平上显著。

我们进一步按农户对农资供应、金融保险、技术服务、机械服务和加工销售服务使用程度进行分类，分别计算其取值，大于均值取 1，小于均值取 0，按不同取值将农户分为水稻生产性服务使用程度较高和较低的农户，比较不同生产性服务程度农户的土地规模差异（见表 4.10）。总体而言，生产性服务使用程度较高的农户土地规模也相对较大，农资供应服务使用程度较高的农户土地规模显著大于较低的农户，分别为 51.16 亩和 23.36 亩；金融保险服务使用程度较高的农户土地规模显著大于较低的农户，分别为 51.35 亩和 29.24 亩；技术服务使用程度较高的农户土地规模显著大于较低的农户，分别为 43.95 亩和 15.25 亩；机械服务使用程度较高的农户土地规模显著大于较低的农户，分别为 91.43 亩和 20.28 亩；加工销售服务使用程度较高的农户土地规模略大于较低的农户，分别为 56.36 亩和 44.45 亩。

表 4.10　生产性服务使用程度与农户土地经营规模差异

项目	类别	土地规模 / 亩	t 检验
农资供应	高	51.16	-6.36^{***}
	低	23.36	
金融保险	高	51.35	-5.87^{***}
	低	29.24	
技术服务	高	43.95	-6.24^{***}
	低	15.25	
机械服务	高	91.43	-17.43^{***}
	低	20.28	
加工销售	高	56.36	-1.59
	低	44.45	

注：*** 表示在 1% 的水平上显著。

4.4　农户土地经营规模差异的诱因分析

第 4.2 和 4.3 小节分别从农民分化和生产性服务视角分析了农户土地经营规模差异，土地经营规模是规模经营行为的结果，在土地可以流转的情况下，农户转入土地行为是影响土地经营规模差异的重要因素（刘强和杨万江，2016），而农民分化、水稻生产性服务又直接影响农户土地转入行为。

因而，下面将重点分析农民分化和生产性服务对农户土地转入行为以及土地经营规模的影响。

4.4.1 变量选择与说明

（1）被解释变量

被解释变量为农户土地规模经营行为，以农户是否流入稻田来表示，分别取值为1和0。1代表农户流入稻田，即扩大了经营规模；0代表农户没有流入稻田，即没有扩大经营规模。

（2）解释变量

①水稻生产性服务变量。水稻生产性服务作为一种要素供给，其本质特征在于满足农户的生产需求。基于我国水稻生产性服务发展现状的分析，本研究选择农资供应、金融保险、技术服务、机械服务和加工销售服务5个变量作为水稻生产性服务代理变量，并将重点探讨这5类水稻生产性服务对农户土地规模经营行为的影响。

②农民分化特征变量。农民分化特征会影响农户决策目标和行为，本研究基于对农民分化维度的分析，从职业分化、收入分化和主体分化3个维度刻画农民分化，分别以家庭非农劳动占比、非农收入占比和稻谷商品化率来表示。

③农户个体特征变量。本研究参考申红芳等（2015）、李颖明等（2015）的研究，以户主性别、户主年龄、户主受教育年限、户主水稻种植年限、家庭劳动力人数和家庭人均纯收入来反映农户个体特征的差异，控制农户土地规模经营决策行为的个体特征差异。

④其他控制变量，包括地区变量和年份变量，地区变量以东部地区为参考，年份变量以2013年为参照。本研究通过地区变量和年份变量控制地区经济发展水平、时间差异等因素对农户土地规模经营决策行为的潜在影响。

变量说明与描述性统计如表4.11所示。从表4.11可以看出，农户稻田流入比例总体不高，流入稻田农户数占总农户数的比例仅为27%。

从农户水稻生产性服务使用情况来看，农户对水稻生产性服务使用程度由高到低分别为技术服务、机械服务、金融保险服务、农资供应服务、加工销售服务，占比分别为80%、73%、67%、41%和15%。可以看出，农户对技术服务、机械服务和金融保险服务等产中环节服务的使用程度较高（均值分别为0.80、0.73和0.67），对农资供应等产前环节服务的使用次之（均值为0.41），而对加工销售等产后环节服务的使用程度较低（均值为0.15）。

从农民分化特征来看，农户职业分化程度、收入分化程度和主体分化程度分别为0.47、0.56和0.69，农户分化较为明显。

从农户个体特征差异来看，水稻种植农户户主平均年龄为51岁，种稻劳动力老龄化现象明显；户主平均受教育年限为9年，文化水平相对较低；户主平均水稻种植年限为26年，经验相对丰富；户均家庭劳动力人数为3人，户均人均纯收入为1.43万元。

表4.11　变量说明与描述性统计

变量类型	变量	变量定义	均值	标准差	最小值	最大值
被解释变量	是否转入稻田	0=否，1=是	0.27	0.44	0.00	1.00
水稻生产性服务	农资供应	0=否，1=是	0.41	0.27	0.00	1.00
	金融保险	0=否，1=是	0.67	0.27	0.00	1.00
	技术服务	0=否，1=是	0.80	0.40	0.00	1.00
	机械服务	0=否，1=是	0.73	0.29	0.00	1.00
	加工销售	0=否，1=是	0.15	0.26	0.00	1.00
农民分化特征	职业分化	非农劳动占比	0.47	0.31	0.00	1.00
	收入分化	非农收入占比	0.56	0.31	0.00	1.00
	主体分化	稻谷商品化率	0.69	0.33	0.00	1.00
农户个体特征	户主性别	0=女，1=男	0.93	0.26	0.00	1.00
	户主年龄	岁	51.25	9.36	21.00	83.00
	户主受教育年限	年	8.71	2.82	0.00	15.00
	户主水稻种植年限	年	25.91	12.24	1.00	65.00
	家庭劳动力人数	人	3.08	1.17	0.00	10.00
	家庭人均纯收入	万元	1.43	1.69	0.05	18.00

续表

变量类型	变量	变量定义	均值	标准差	最小值	最大值
其他控制变量	地区	0= 东部，1= 中部，2= 西部	0.81	0.80	0.00	2.00
	年份	0=2013，1=2014，2=2015	1.02	0.80	0.00	2.00

4.4.2 计量模型的构建

本研究的被解释变量为二分类变量，根据被解释变量的特点，构建二元 Probit 模型，其公式为

$$p\left(y{=}1\,|\,x\right)=\Phi\left(x\right)=\alpha+X\beta+\xi \qquad (4.1)$$

式中：$P\left(y{=}1\,|\,x\right)$ 为农户扩大土地经营规模（即转入稻田）的概率；$\Phi\left(x\right)$ 为标准正态分布的累积分布函数；X 为影响农户土地规模经营决策行为的因素，包括水稻生产性服务、农民分化特征、农户个体特征、地区虚拟变量和年份虚拟变量；α，β 为待估参数；ξ 为随机扰动项。

4.4.3 模型估计结果与分析

模型估计结果如表4.12所示。其中，模型1为仅考虑水稻生产性服务变量估计结果，模型2为仅考虑农民分化特征变量估计结果，模型3为同时考虑水稻生产性服务和农民分化特征估计结果。从模型估计来看，模型整体拟合效果较好，模型1、模型2和模型3的似然比卡方值分别为594.81、772.00和790.95，均在1%的水平上显著。从似然比卡方值可以看出，模型3的拟合效果相对更好，因而后续分析以模型3的估计结果为准。

表 4.12 Probit 模型估计结果

变量类型	变量	模型 1	模型 2	模型 3
水稻生产性服务	农资供应	0.2846** (0.1337)		0.2654* (0.1514)
	金融保险	0.3204** (0.1435)		0.3523** (0.1527)
	技术服务	0.5875*** (0.1048)		0.5055*** (0.1195)
	机械服务	0.4050*** (0.1335)		0.4039*** (0.1463)

变量类型	变量	模型 1	模型 2	模型 3
水稻生产性服务	加工销售	0.5202*** (0.1302)		0.4623*** (0.1475)
农民分化特征	职业分化		−0.0741 (0.1156)	−0.0528 (0.1207)
	收入分化		−1.1341*** (0.1288)	−1.0889*** (0.1369)
	主体分化		1.5804*** (0.1461)	1.5856*** (0.1594)
农户个体特征	户主性别	0.3699** (0.1451)	0.3662** (0.1478)	0.3481** (0.1592)
	户主年龄	−0.0088 (0.0062)	−0.0027 (0.0066)	−0.0053 (0.0070)
	户主受教育年限	−0.0486*** (0.0135)	−0.0268* (0.0140)	−0.0264* (0.0148)
	户主水稻种植年限	−0.0352*** (0.0049)	−0.0222*** (0.0052)	−0.0239*** (0.0055)
	家庭劳动力人数	0.3897*** (0.0632)	0.2316*** (0.0616)	0.1844*** (0.0650)
	家庭人均纯收入	0.0788*** (0.0217)	0.0772*** (0.0231)	0.0561** (0.0241)
其他控制变量	中部地区	−0.1218 (0.0871)	−0.1674* (0.0894)	−0.1622* (0.0976)
	西部地区	−0.2222** (0.0961)	−0.2445** (0.0994)	−0.1936* (0.1074)
	年份	−0.0546 (0.0449)	−0.0891* (0.0456)	−0.1020** (0.0497)
	常数项	−1.1503*** (0.3555)	−0.8626** (0.3709)	−1.8962*** (0.4348)
对数似然值	Log likelihood	−921.40	−831.69	−769.40
人为 R^2	Pseudo R^2	0.2440	0.3223	0.3341

注：1.***，**，* 分别表示在 1%，5% 和 10% 的水平上显著；

2.括号内为标准误差。

（1）水稻生产性服务对农户土地规模经营行为的影响

水稻生产性服务对农户土地规模经营行为有显著正向影响。从生产性服务类别来看，影响程度由高到低依次为技术服务、加工销售服务、机械服务、金融保险服务和农资供应服务，影响系数分别为 0.5055、0.4623、0.4039、0.3523 和 0.2654。由模型估计系数 β 和 $\Phi(x)$ 的概率密度函数 $\varphi(x)$ 的乘积，可以计算得到水稻生产性服务变量的边际效应，即水稻生产性服务对农户是否转入稻田概率的影响，技术服务、加工销售服务、机械服务、金融保险服务和农资供应服务的边际效应分别为 0.12、0.11、0.09、0.08 和 0.06，平均而言，农户对技术服务、加工销售服务、机械服务、金融保险服务和农资供应服务使用程度每提高一个单位，农户转入稻田的概率会分别提高 12%、11%、9%、8% 和 6%。

从水稻生产性服务环节差异来看，产中环节和产后环节的生产性服务对农户土地规模经营行为的影响大于产前环节。产中环节的生产性服务对农户土地规模经营行为有显著促进作用，构建农业社会化服务体系推进农地规模经营，需要不断扩大和提升农机服务和农技服务的发展规模和发展水平，并提供更多的信息咨询服务，进一步稳定和完善农村金融市场。此外，产后环节的加工销售服务显著提高了农户土地规模经营的概率，主要原因在于稻谷加工销售服务可以有效解决农户卖粮难和卖粮价格低的问题，有利于农户扩大土地经营规模。当前，我国水稻生产性服务产后环节发展还较薄弱，提高产后环节生产性服务发展水平对推进土地规模经营意义重大。

（2）农民分化对农户土地规模经营行为的影响

农民分化对农户土地规模经营行为存在一定差异性，阶层之间的职业分化和收入分化弱化了农户土地规模经营行为，而阶层内部的主体分化则强化了农户土地规模经营行为。具体而言，职业分化、收入分化和主体分化对农户土地规模经营行为的影响系数分别为 −0.0528、−1.0889 和 1.5856，从其影响系数的大小可以看出，主体分化对农户土地规模经营行为影响最大，其次为收入分化，而职业分化并未显著影响农户土地规模经营行为。这表明以商品生产为主要特征的农户转入稻田行为更为明显，而非农收入和非农就业则抑制了这种行为。职业分化、收入分化和主体分化的边际效应分别为 −0.01、−0.25 和 0.37，表明农民职业分化、收入分化和主体分化每提高一个单位，农户转入稻田的概率将分别降低 1%、25% 和提高 37%。

（3）个体特征对农户土地规模经营行为的影响

在农户个体特征变量中，户主性别、家庭劳动力人数和家庭人均纯收入对农户土地规模经营行为有显著正向影响，影响系数分别为 0.3481、0.1844 和 0.0561，边际效应分别为 0.08、0.04 和 0.01，表明户主为男性的农户转入稻田的概率高于户主为女性的农户，平均高出 8%，家庭劳动力每增加 1 人，农户转入稻田的概率将提高 4%，而农户收入每提高 1 万元，转入稻田的概率将提高 1%。户主受教育年限和水稻种植经验对农户土地规模经营行为有显著负向影响，影响系数分别为 –0.0264 和 –0.0239，边际效应分别为 –0.006 和 –0.006。这表明户主受教育年限每提高 1 年，农户转入稻田的概率将降低 6%；水稻种植年限每提高 1 年，农户转入稻田的概率也将降低 6%。农户个体特征变量中，户主年龄对农户土地规模经营行为影响为负但并不显著。

（4）地区和时间差异对农户土地规模经营行为的影响

从地区变量估计系数来看，中部地区和西部地区的变量估计系数为负，表明与东部地区相比，中西部地区农户土地规模经营行为相对较弱；从年份变量估计系数来看，年份估计系数为负，表明随着时间的推移，农户土地规模经营行为趋于弱化。

4.4.4　稳健性检验

土地流转面积占经营面积的比重也可以用于表示农户土地规模经营行为，转入面积占经营面积比重越大，农户土地规模经营表现越明显。为检验估计结果的稳健性，本研究以农户稻田转入面积占稻田经营面积的比重作为被解释变量，构建 Tobit 模型进行了回归，模型解释变量与 Probit 模型相同。估计结果如表 4.13 所示。

本研究采用 Tobit 模型估计方法，参照模型 1、模型 2 和模型 3 解释变量的设置，分别构建模型 4、模型 5 和模型 6。从 Tobit 模型估计结果来看，模型 4、模型 5 和模型 6 的似然比卡方值分别为 715.52、893.55 和 941.14，均在 1% 的水平上显著。模型估计系数显著性与符号与 Probit 模型估计相符，表明模型估计结果较为稳健，以农户稻田转入面积占比作为被解释变量，仍可以很好地说明水稻生产性服务、农民分化和个体特征差异对农户土地规模经营行为的影响。

表 4.13　Tobit 模型估计结果

变量类型	变量	模型 4	模型 5	模型 6
水稻生产性服务	农资供应	0.8583*** （0.2324）		0.7522*** （0.2218）
	金融保险	0.3097** （0.1329）		0.3094** （0.1224）
	技术服务	0.7131*** （0.1862）		0.4604** （0.1815）
	机械服务	1.0227*** （0.2614）		0.8287*** （0.2401）
	加工销售	1.1389*** （0.2260）		0.5810*** （0.2165）
农民分化特征	职业分化		−0.1978 （0.1790）	−0.2157 （0.1814）
	收入分化		−1.9819*** （0.2229）	−1.8122*** （0.2254）
	主体分化		2.4184*** （0.2688）	2.2956*** （0.2767）
农户个体特征	户主性别	0.5202** （0.2540）	0.4793** （0.2298）	0.4203* （0.2413）
	户主年龄	−0.0016 （0.0108）	−0.0076 （0.0101）	−0.0056 （0.0104）
	户主受教育年限	−0.0708*** （0.0234）	−0.0268 （0.0217）	−0.0249 （0.0221）
	户主水稻种植年限	−0.0488*** （0.0087）	−0.0256*** （0.0080）	−0.0228*** （0.0082）
	家庭劳动力人数	0.8010*** （0.1107）	0.5318*** （0.0936）	0.4540*** （0.0966）
	家庭人均纯收入	0.1321*** （0.0344）	0.1182*** （0.0312）	0.0779** （0.0319）

变量类型	变量	模型 4	模型 5	模型 6
其他控制变量	中部地区	−0.0477 （0.1529）	−0.0546 （0.1374）	−0.0441 （0.1460）
	西部地区	−0.1647 （0.1693）	−0.0969 （0.1557）	−0.0417 （0.1638）
	年份变量	−0.0242 （0.0780）	−0.1196* （0.0710）	−0.0676 （0.0751）
	常数项	−1.6527*** （0.6274）	−1.2432** （0.5838）	−2.5641*** （0.6713）
对数似然值	Log likelihood	−1253.34	−1152.03	−1084.48
人为 R^2	Pseudo R^2	0.2221	0.2900	0.2918

注：1.***，**，* 分别表示在 1%，5% 和 10% 的水平上显著；

2. 括号内为标准误差。

4.4.5　内生性检验

水稻生产性服务与农户土地规模经营可能存在内生性问题，生产性服务发展促进了土地规模经营，反过来土地经营规模的扩大也增加了农户对生产性服务的需求。为检验这种可能存在的内生性问题，本研究参考Wooldridge（2010）对二元选择模型内生性问题的探讨，采用两步法进行估计。第一步，将生产性服务变量水平加总作为被解释变量，农户个体特征和地区时间变量作为解释变量，采用 OLS 估计得到残差估计量 u_hat；第二步，估计加入了残差估计量 u_hat 的 Probit 模型，得到一致的估计量。通过残差估计量回归系数的显著性可以检验水稻生产性服务变量的内生性问题。检验结果见表 4.14 模型 7，为方便讨论仅列出了第 2 阶段 u_hat 的估计结果。类似的，对农民分化与农户土地规模经营行为的内生性进行检验，检验结果见表 4.14 模型 8。

从表 4.14 模型 7 和模型 8 的检验结果来看，u_hat 对应的系数均并不显著异于零，无法拒绝水稻生产性服务、农民分化为外生变量的假定，表明模型估计结果较为可靠。这种不显著性也可以从理论上解释，水稻生产性服务可以看作一种生产要素，其供给状况外生于农户生产决策行为，在要素市场上农户只是价格的被动接受者；而农民分化不仅是一个经济现象，还是一个社会现象和政治现象，受到经济因素和非经济因素的长期影响，短期内农户生产决策行为的变化并不必然导致农民的分化。

表 4.14 内生性检验结果

变量	模型 7	模型 8
u_hat	−0.8531 （0.9684）	0.3858 （0.4086）
Log likelihood	−921.40	−831.69
Pseudo R^2	0.2440	0.3223

注：括号内为标准误差。

4.5 本章小结

本章基于水稻种植农户的调查数据，分析了我国水稻种植农户土地规模经营的基本现状，以农户是否转入稻田衡量其土地规模经营行为，比较了转入户与非转入户的特征差异。本章在农民分化视角和生产性服务视角下分析了农户土地经营规模的差异及其诱因，通过构建计量经济学模型量化分析了农民分化、水稻生产性服务对农户土地规模经营决策行为的影响。

（1）主要结论

①从我国水稻种植农户耕地经营规模和耕地利用情况来看，农户的户均耕地面积为 40.49 亩，户均转入稻田面积为 28.62 亩，平均复种指数为 111.84%，农户土地经营规模、转入规模和复种指数均存在显著的地区差异。

②稻田转入户与非转入户的耕地特征差异明显，转入户的户均稻田面积和块均稻田面积分别为 130.65 亩和 8.34 亩，非转入户的分别为 8.84 亩和 1.41 亩。土地流转有利于促进规模经营，并减少了土地细碎化程度。

③以非农劳动占比、非农收入占比和稻谷商品化率表示农民职业分化、收入分化和主体分化。计量分析表明：职业分化和收入分化弱化了农户土地规模经营行为，边际效应分别为 –0.01 和 –0.25；而主体分化则强化了农户土地规模经营行为，边际效应为 0.37。

④水稻生产性服务对农户土地规模经营行为有显著正向影响，按影响程度由高到低依次为技术服务、加工销售服务、机械服务、金融保险服务和农资供应服务，边际效应分别为 0.12、0.11、0.09、0.08 和 0.06。

⑤户主性别、家庭劳动力人数和家庭人均纯收入对农户土地规模经营行为有显著正向影响，边际效应分别为 0.08、0.04 和 0.01；户主受教育年限和水稻种植经验有显著负向影响，边际效应分别为 −0.006 和 −0.006；而户主年龄影响为负但并不显著。

（2）启示与思考

①我国农业生产地域性特征差异明显，不同地区的农户土地经营规模、转入规模及土地利用情况均存在显著差异。保持耕地面积总体稳定、提高耕地利用效率是稳定粮食生产保障国家粮食安全的重要举措。

②农地流转促进了土地的规模经营并减少了土地细碎化程度，土地规模的扩大有利于增加商品粮供应，但在当前粮食生产高产量、高收购量、高库存量和低价格形势下，土地规模经营的增产效应和增收效应还有待验证。

③农民分化增加了农民群体的异质性，不同性质的农户面临的约束条件和决策目标也不尽相同，从而使得土地规模经营行为差异明显。适度规模经营政策的制定需要充分考虑农民分化的基本事实，提高政策的针对性和适用性。

④水稻生产性服务的发展强化了农户土地规模经营行为，从规模经营的角度来看有利于促进土地的规模经营，但水稻生产性服务对土地规模经营影响的内在机制还有待探讨，即水稻生产性服务如何通过影响效益来影响农户决策行为。

⑤受教育程度越高、种植经验越丰富的农户土地规模经营的概率越低，高素质农户离农现象较为突出，实现农业现代化和农业可持续发展不仅需要注重专业人才的培养，更重要的是使农业人才能服务于农业。

第 5 章

土地规模对水稻种植农户收入的影响分析

土地经营规模是影响农户收入的重要因素，农户收入也是判断农场规模和评价土地规模经营绩效的重要标准之一。同时，土地经营规模的变化会对农户生产行为，尤其是风险管理行为产生影响，进而影响农户收入。本章继续采用农户调查数据，从农户收入视角，分析了土地经营规模与收入的关系，探讨了土地经营规模对农户收入水平、收入结构和收入不平等的影响，并分析了风险条件下土地经营规模对农户收入的影响。

5.1 我国水稻种植农户收入现状分析

5.1.1 水稻种植农户收入来源与构成情况

土地规模经营政策的一大目标在于促进农民收入增长，相关研究表明，土地经营规模的扩大与农民收入增长具有内在一致性（冒佩华和徐骥，2015；许庆等，2011）。从农民收入结构来看，家庭经营性收入和工资性收入是农民收入的两大重要来源（周雪松和刘颖，2012）。对水稻种植农户而言，家庭经营性收入是农民收入的基础，提高水稻种植农户的收入，尤其是规模经营大户的收入，根本的着力点在于提高农民的家庭经营性收入。

水稻种植农户收入来源与构成基本情况见表 5.1。限于数据可得性，本研究并没有从农户家庭经营性收入、工资性收入、财产性收入和转移性收入 4 个维度进行分类分析，而是简要区分了农业收入和非农收入。从统计结果来看，水稻种植农户人均纯收入为 1.43 万元，不同农户之间收入差距较为明显，人均纯收入最低的农户其人均纯收入仅为 0.05 万元，而最高的为 18 万元；非农收入仍然是水稻种植农户收入的主要来源，占总收入的56%，均值为 0.8 万元，而农业收入占总收入的比重为 44%，均值为 0.63万元。

表 5.1　水稻种植农户收入来源与构成基本情况

变量	均值	标准差	最小值	最大值
人均纯收入／万元	1.43	1.69	0.05	18.00
人均农业收入／万元	0.63	0.85	0.00	12.25
人均非农收入／万元	0.80	1.49	0.00	18.00

水稻种植农户人均纯收入、人均农业收入和人均非农收入的分布特征见图 5.1。由图可知，水稻种植农户人均纯收入、人均农业收入和人均非农收入均呈明显偏态分布，低收入群体分布占比相对较大。可以看出，提高水稻种植农户整体收入水平，重点还在于提高低收入群体的收入水平。

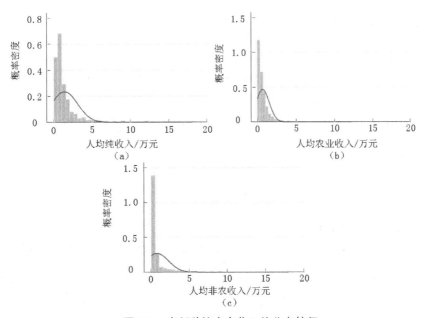

图 5.1　水稻种植农户收入的分布特征

5.1.2 水稻种植农户收入的规模差异

土地规模是影响农户收入水平的重要因素。为进一步分析水稻种植农户收入的规模差异，本研究按照农户土地规模将样本等距分为两组，即小规模农户和大规模农户，对应的土地规模分别为 2.82 亩和 73.31 亩，对小规模农户赋值为 0，大规模农户赋值为 1，并对不同规模农户收入差异进行统计与检验（见表 5.2）。从统计结果可以看出，大规模农户人均纯收入和农业收入水平均高于小规模农户，分别高出 0.81 万元和 0.86 万元，在统计上存在显著的差异；相反，小规模农户的非农收入水平略高于大规模农户，高出约 0.06 万元。可见，不同收入来源的农户收入的规模差异也不尽相同，因而，在后续分析中有必要区分不同收入来源。

表 5.2 水稻种植农户收入的规模差异

变量	大规模农户	小规模农户	t 检验
人均纯收入 / 万元	1.83	1.02	−14.74***
人均农业收入 / 万元	1.18	0.32	−18.09***
人均非农收入 / 万元	0.77	0.83	1.98**

注：***，** 分别表示在 1% 和 5% 的水平上显著。

5.2 土地规模对农户收入水平的影响分析

上述分析表明，大规模农户有较高的收入水平，但是土地规模的扩大在多大程度上提高了农民的农业收入水平，以及提高了何种收入水平，其相关研究还有待开展。为此，下面将针对水稻种植农户不同收入来源分析土地规模对农户收入的影响效应。

5.2.1 收入决定方程的构建

（1）模型的构建

为分析土地规模对农户收入水平的影响，本研究需要构建一个农户收入决定方程。根据经典的明瑟收入决定方程（Mincer，1974），教育和经验是影响居民收入的重要因素，而农户的收入水平不仅受教育和经验的影响，还受到土地规模、技术培训、农业政策等多种因素的影响（陈乙酉和付园元，2014）。对粮食种植农户而言，在粮食单产水平和价格相对稳定的情况下，土地规模直接决定了其收入水平（van den Berg, et al., 2007），而且土地作为一项农业生产性投资，在做出扩大土地规模决策时，农户的非农就业行为会受到抑制（Avner & Kimhi，2002），表现为统计上的差异即土地规模较大的农户农业收入水平和占比均相对较高（见表 5.2）。因而，在分析水稻种植农户收入影响因素时，土地规模是一个需要重点考查的变量。

在收入决定方程中，本研究分别以农户家庭人均纯收入、农业收入和非农收入作为被解释变量，土地规模及其他控制变量为解释变量，采用半对数形式构建农户收入决定方程，方程的简化形式为

$$\ln y_j = f(S, Z),\ j=1,\ 2,\ 3 \tag{5.1}$$

式中：y_1、y_2 和 y_3 分别为农户家庭人均纯收入、农业收入和非农收入；S 为土地规模；Z 为影响农户收入的其他因素，包括人力资本、制度与政策、家庭特征、地区和年份变量等。在收入决定方程中，为便于对收入变量取对数，将其单位换算为元。

（2）变量的选择

在收入决定方程中，除土地规模外，已有研究主要分析了劳动力数量与质量、劳动力负担系数、制度与政策、物质资本、人力资本和社会资本等因素对农户收入的影响（宋莉莉等，2014；许庆等，2008；赵宝福和黄振国，2015），在参考已有研究的基础上，本研究主要考查了 5 类影响水稻种植农户收入的因素。

①土地规模。以农户人均耕地面积表示土地规模。土地是农业生产的基本要素之一，在土地可以流转的情况下，土地规模的大小直接反映了农户的生产性投资行为，土地规模较大的农户收入水平也相对较高（万广华等，2005）。因而，本研究预期土地规模对农户家庭人均纯收入和农业收入有正向影响，而对人均非农收入影响方向有待验证。

②人力资本。人力资本是影响农户收入的重要因素（高梦滔和姚洋，2006），本研究以水稻种植农户教育水平和技术培训来表示人力资本变量。需要指出的是，用劳动力平均受教育水平和培训水平可以较好表示农户的

人力资本，但限于数据可得性，本研究并没有相应信息，而是以户主受教育年限和是否参加农业技术培训作为代理变量。

③制度与政策。2007年《中华人民共和国农民专业合作社法》颁布以来，农民专业合作得到了快速发展，在促进农民收入增长中起到了重要作用（苏群和陈杰，2014）；此外，农业补贴对农户收入增长也有促进作用（程国强和朱满德，2012）。因而，本研究用是否农民专业合作社社员、是否获得农业补贴表示农业制度与政策变量，并对其收入增长效应进行检验。

④家庭特征变量。本研究参考程名望等（2014）的研究，以家庭人口数、劳动力负担系数和户主性别、户主年龄来表示农户家庭特征变量。其中，户主年龄间接反映了户主的工作经验，可以检验工作经验对农户收入水平的潜在影响。

⑤其他控制变量。其他控制变量包括地区虚拟变量和年份虚拟变量，以控制地区经济发展差异、经济增长等因素对农户收入水平的潜在影响。地区虚拟变量以东部地区为参照，年份虚拟变量以2013年为参照。

解释变量的定义与描述性统计见表5.3。

表5.3　解释变量的定义与描述性统计

变量类型	解释变量	变量定义或单位	均值	标准差	最小值	最大值
土地规模	人均耕地面积	亩	11.61	31.64	0.06	533.33
人力资本	户主受教育年限	年	8.71	2.82	0.00	15.00
	农业技术培训	0=否，1=是	0.80	0.40	0.00	1.00
制度与政策	合作社社员	0=否，1=是	0.58	0.49	0.00	1.00
	农业补贴	0=否，1=是	0.82	0.38	0.00	1.00
农户家庭特征	家庭人口数	人	4.44	1.49	1.00	12.00
	劳动力负担系数	非劳动力人数/劳动力人数	0.51	0.42	0.00	3.00
	户主性别	0=女，1=男	0.93	0.26	0.00	1.00
	户主年龄	岁	51.25	9.36	21.00	83.00

续表

变量类型	解释变量	变量定义或单位	均值	标准差	最小值	最大值
其他控制变量	地区虚拟变量 1	1= 中部，0= 其他	0.33	0.47	0.00	1.00
	地区虚拟变量 2	1= 西部，0= 其他	0.24	0.43	0.00	1.00
	年份虚拟变量 1	1=2014，0= 其他	0.35	0.48	0.00	1.00
	年份虚拟变量 2	1=2015，0= 其他	0.33	0.46	0.00	1.00

5.2.2　收入决定方程的估计结果与解释

土地规模对水稻种植农户收入水平的影响见表 5.4。模型 1、模型 2 和模型 3 分别对应水稻种植农户家庭人均纯收入、人均农业收入和人均非农收入。为了便于比较，模型 1a、模型 2a 和模型 3a 为不包含土地规模的估计结果，模型 1b、模型 2b 和模型 3b 为包含土地规模的估计结果。由模型估计 R^2 的大小可知，包含土地规模变量的收入方程拟合优度有显著提高，表明土地规模是影响水稻种植农户收入水平的重要因素。后续主要对包含土地规模变量的模型估计结果进行了分析。由于收入决定方程采用半对数形式，解释变量估计系数的大小可以解释为 y 对 x 的半弹性，即 x 变动 1 个单位，y 变动 $100\beta\%$。

表 5.4　土地规模对水稻种植农户收入水平的影响

变量类型	变量	人均纯收入		人均农业收入		人均非农收入	
		模型 1a	模型 1b	模型 2a	模型 2b	模型 3a	模型 3b
土地规模	人均耕地面积		0.0131*** (0.0005)		0.0222*** (0.0007)		-0.0335*** (0.0016)
人力资本	户主受教育年限	0.0546*** (0.0088)	0.0434*** (0.0077)	0.0413*** (0.0055)	0.0352*** (0.0050)	0.0352*** (0.0093)	0.0184** (0.0087)
	农业技术培训	0.1517*** (0.0352)	0.0769** (0.0316)	0.3509*** (0.0562)	0.2219*** (0.0495)	-0.3193*** (0.1182)	-0.1247 (0.1113)
制度与政策	合作社社员	0.0044 (0.0295)	-0.0255 (0.0264)	0.4165*** (0.0982)	0.4826*** (0.0923)	-0.1535*** (0.0467)	-0.1973*** (0.0410)
	农业补贴	0.2699*** (0.0540)	0.1813*** (0.0615)	0.4477*** (0.1292)	0.3140*** (0.1215)	-0.1030*** (0.0344)	-0.0637* (0.0385)

续表

变量类型	变量	人均纯收入		人均农业收入		人均非农收入	
		模型 1a	模型 1b	模型 2a	模型 2b	模型 3a	模型 3b
农户家庭特征	家庭人口数	−0.0617*** (0.0097)	−0.0175** (0.0088)	−0.1625*** (0.0154)	−0.0894*** (0.0137)	0.3705*** (0.0323)	0.2602*** (0.0308)
	劳动力负担系数	−0.2867*** (0.0345)	−0.2327*** (0.0310)	−0.1189** (0.0545)	−0.1070** (0.0479)	−0.4629*** (0.1146)	−0.6166*** (0.1079)
	户主性别	0.0620 (0.0555)	0.0020 (0.0497)	0.2398*** (0.0875)	0.1302* (0.0768)	−0.2295 (0.1839)	−0.0641 (0.1728)
	户主年龄	−0.0060*** (0.0017)	0.0016 (0.0015)	−0.0196*** (0.0027)	−0.0068*** (0.0024)	0.0269*** (0.0057)	0.0076 (0.0054)
其他控制变量	中部地区	−0.0769** (0.0331)	−0.0346 (0.0298)	0.4249*** (0.0522)	0.2284*** (0.0462)	−0.5608*** (0.1217)	−0.2514** (0.1147)
	西部地区	−0.3706*** (0.0364)	−0.2848*** (0.0327)	−0.1444** (0.0579)	−0.0069 (0.0510)	−0.9501*** (0.1098)	−0.6537*** (0.1040)
	$t=2014$	0.1108*** (0.0337)	0.1391*** (0.0301)	0.0068 (0.0534)	0.0545 (0.0468)	0.3848*** (0.1121)	0.3129*** (0.1053)
	$t=2015$	0.2462*** (0.0364)	0.2185*** (0.0326)	0.1476** (0.0577)	0.1145** (0.0506)	0.4454*** (0.1213)	0.4953*** (0.1139)
	常数项	9.3580*** (0.1387)	8.8329*** (0.1255)	8.9018*** (0.2205)	8.0629*** (0.1953)	5.7327*** (0.4636)	6.9982*** (0.4394)
伪 R^2	R^2	0.1406	0.3125	0.1543	0.3502	0.1111	0.2171

注: 1.***, **, *分别表示在 1%, 5% 和 10% 的水平上显著;

2.括号内为标准误差。

（1）土地规模对农户收入水平的影响

从模型估计结果可以看出，土地规模对水稻种植农户收入水平有显著影响，且对不同收入来源的影响存在明显差异性。具体而言，土地规模的扩大有利于提高农户人均纯收入，估计系数为 0.0131，在 1% 的水平上显著（模型 1b），表明人均耕地面积每增加 1 亩，农户人均纯收入将提高 1.31%；此外，土地规模对农户农业收入的影响更为明显，估计系数为 0.0222（模型 2b），即人均耕地面积每增加 1 亩，农户农业收入将提高 2.22%；但是，对非农收入而言，土地规模的扩大会显著降低其收入水平，估计系数为 −0.0335（模型 3b），即人均耕地面积每增加 1 亩，农户的非农收入会降低 3.35%。模型估计结果与经验分析相符，土地规模的扩大有利于农户整体收入水平的提高，同时土地规模的扩大也会显著影响农户的收入结构，增加农户的农业收入并抑制非农收入的增长（Mishra & Goodwin，1997）。

（2）人力资本对农户收入水平的影响

模型估计结果表明，人力资本对水稻种植农户收入水平有显著影响。其中，户主受教育年限显著提高了农户的人均纯收入、农业收入和非农收入，户主受教育年限每提高 1 年，农户人均纯收入、农业收入和非农收入将分别提高 4.34%、3.52% 和 1.84%，而当前我国水稻种植农户受教育水平还不高，平均受教育年限为 8.71 年，相当于初中水平，与国外相比还存在较大差距，可见，进一步提高农户受教育程度对于提高农户收入水平具有重要意义；农业技术培训对于农户人均纯收入和农业收入均有显著正向影响，参加技术培训的农户的人均纯收入和农业收入比未参加技术培训的农户分别高出 7.69% 和 22.69%，而对非农收入有一定负向影响，整体而言，加强农民职业培训对于提高农户收入水平仍具有重要意义（洪仁彪和张忠明，2013）。

（3）制度与政策对农户收入水平的影响

农业制度与政策对水稻种植农户收入水平的影响存在一定差异性。其中，合作社社员身份对农户人均纯收入并没有显著影响，而对农户农业收入有显著正向影响，但对非农收入有显著负向影响，表明合作社社员身份主要影响农户收入结构，即有利于增加农户农业收入而不利于非农收入提高，可见，对以农业收入为主的农户而言，充分发挥合作社的组织带动作用对于促进农户农业收入增长具有重要作用；此外，农业补贴对农户人均纯收入和农业收入均有显著正向影响，但对非农收入有显著负向影响，可见，农业补贴不仅影响农户收入结构，还影响其整体收入水平，为提高农户收入水平，加大农业补贴力度，提高补贴政策的针对性仍有必要。

（4）家庭特征对农户收入水平的影响

在影响农户收入水平的家庭特征变量中，家庭人口数对水稻种植农户人均纯收入、农业收入均有显著负向影响，但对非农收入有显著正向影响，劳动力负担系数对农户人均纯收入、农业收入和非农收入均有显著负向影响，在控制劳动力负担系数后，家庭规模直接反映了劳动力的多少，就现有家庭规模和劳动力结构而言，增加非农就业机会、促进劳动力转移就业对提高农户收入水平具有重要意义；在控制土地经营规模后，户主性别、户主年龄对农户收入水平影响并不显著，以户主年龄表示的工作经验并未显著提高农户收入水平。

（5）农户收入水平的地区差异和时间差异

从农户收入的地区差异来看，中部地区和西部地区水稻种植农户人均纯收入和非农收入要低于东部地区的农户，但中部地区农户农业收入水平相对较高，可见，在制定收入增长政策时需要注重农民收入结构的地区性差异；从农户收入的时间差异来看，经济增长显著提高了水稻种植农户的收入水平，而且对非农收入的影响要明显大于农业收入，可见，促进经济增长仍然是提高农民收入的重要途径。

5.3 土地规模对农户收入不平等的影响分析

土地规模是影响农户收入水平的重要因素，同时也是造成农户收入水平差距以及农村内部收入不平等的重要因素（赵亮和张世伟，2011）。对于转入户而言，土地规模的扩大意味着农业收入的增加和非农收入的减少；而对于转出户而言，土地规模的减少意味着非农收入的增加和农业收入的减少。可见，土地规模的变化将带来农户收入结构的调整，并进一步影响农户收入差距。因而，有必要进一步分析土地规模对水稻种植农户收入不平等的影响。

5.3.1 水稻种植农户收入不平等的衡量

（1）收入不平等衡量指标的选择

基尼系数 Gini（Gini coefficient）、广义熵指数 GE（generalized entropy index）、阿特金森指数 A（Atkinson index）是较为常用的收入不平等衡量指标（Cowell，2000）。理论上，对于收入不平等衡量指标的选择，需要遵循匿名性、齐次性、人口无关性、转移性和一致性原则（万广华，2009）。匿名性保证了收入不平等只与收入数值有关；齐次性保证了收入不平等与收入度量单位无关；人口无关性保证了收入不平等与所选国家或地区人口多寡无关；转移性保证了收入不平等将由高收入向低收入转移而得到改善，或由低收入向高收入转移而恶化；一致性保证了收入不平等与洛伦兹曲线的对应关系。对于基尼系数 Gini、广义熵指数 GE 和阿特金森指数 A，由于不同指标选择之前并没有优劣评价标准，因而本研究在水稻种植农户收入不平等分析中将同时采用这 3 个指标。

根据 Sen（1973）的计算公式，基尼系数 Gini 可以表示为

$$\text{Gini}= \frac{1}{2n\sum\limits_{i=1}^{n} x_i}\sum_{i=1}^{n}\sum_{j=1}^{n}\left| x_i - x_j \right| \tag{5.2}$$

式中：x_i，x_j 分别为农户 i 和农户 j 的收入水平；n 为农户数。基尼系数的取值区间为 [0，1]，值越趋近于 0，即离差的绝对值 | x_i–x_j | 越趋近于 0，农户之间的收入差距越小；相反，离差的绝对值越趋近于 1，农户之间的收入差距越大。基尼系数对众数较为敏感，即当收入转移到众数附近时带来的收入不平等的下降幅度，要大于当同等收入转移到低收入群体时带来的收入不平等的下降幅度。

根据 Shorrocks（1984）的研究，广义熵指数 GE 的计算公式为

$$\text{GE}(\alpha)= \begin{cases} -\dfrac{1}{n}\sum\limits_{i=1}^{n}\ln\dfrac{x_i}{\bar{x}}, & \alpha = 0 \\[2mm] \dfrac{1}{n}\sum\limits_{i=1}^{n}\dfrac{x_i}{\bar{x}}\ln\dfrac{x_i}{\bar{x}}, & \alpha = 1 \\[2mm] \dfrac{1}{n\alpha(\alpha-1)}\sum\limits_{i=1}^{n}[(\dfrac{x_i}{\bar{x}})\alpha-1] & \alpha \neq 0,1 \end{cases} \tag{5.3}$$

式中：x_i 为农户 i 的收入水平；$\bar{x}$ 为收入的均值；n 为农户数；α 为不同收入组间差距的权重。α 越大，GE（α）指数对高收入群体越敏感；相反，α 越小，GE（α）指数对低收入群体越敏感。较为常用的 α 取值有 0,1,2：当 α=0 时，GE（0）为对数离差均值（the mean logarithmic deviation），又称泰尔 –L 指数或第二泰尔指数；当 α=1 时，GE（1）为泰尔指数（Theil index），又称泰尔 –T 指数或第一泰尔指数；当 α=2 时，GE（2）为变异系数平方的 1/2（half the square of the coefficient of variation）。广义熵指数 GE ≥ 0，值越大，收入差距也越大。

根据 Atkinson（1970）的研究，阿特金森指数 A 的计算公式为

$$A(e) = \begin{cases} 1 - \dfrac{1}{\bar{x}}(\dfrac{1}{n}\sum_{i=1}^{n}x_i^{1-e})^{\frac{1}{1-e}}, & e \neq 1 \\ 1 - \dfrac{1}{\bar{x}}(\prod_{i=1}^{n}x_i)^{\frac{1}{e}}, & e = 1 \end{cases} \qquad (5.4)$$

式中：x_i 为农户 i 的收入水平；$\bar{x}$ 为收入的均值；n 为农户数；e 为不平等厌恶参数（the inequality aversion parameter）且有 $e > 0$。e 越大，$A(e)$ 指数对低收入群体越敏感；相反，e 越小，$A(e)$ 指数对高收入群体越敏感。较为常用的 e 的取值有 0.5，1，2，特别的，当 $0 < \alpha < 1$ 时，有 $e = 1 - \alpha$，$A(e)$ 和 GE（α）存在转换关系，即 $A(e) = 1 - \exp[-\text{GE}(\alpha)]$，为此，后续分析中取 e 的值为分别为 0.5 和 2。阿特金森指数的取值区间为 [0，1]，其值越趋近于 0，收入差距越小；其值越趋近于 1，收入差距越大。

（2）收入不平等衡量指标计算结果

按照上述公式，可以计算得到水稻种植农户收入不平等的衡量指标值（见表 5.5~表 5.7）。总体来看，水稻种植农户收入水平存在较大差距，且非农收入差距要明显大于农业收入差距。具体而言，从不同收入来源和农户收入的地区差异来看：

①水稻种植农户人均纯收入不平等指标测算结果。水稻种植农户人均纯收入基尼系数为 0.48，表明农户人均纯收入存在较大差距；广义熵指数 GE（0）、GE（1）和 GE（2）分别为 0.40、0.43 和 0.70，省份内部差距的 GE（0）、GE（1）和 GE（2）分别为 0.26、0.28 和 0.51，省份内部差距对总差距的贡献分别为 59.67%、50.73% 和 62.78%，表明内部差距是造成农户收入人均纯差距的主要因素[1]；阿特金森指数 A（0.5）、A（2）分别为 0.19 和 0.52。从不同指标衡量的省份差距来看，江苏、浙江 2 个省份的农户人均纯收入差距相对较大，而福建、广东 2 个省份的农户人均纯收入差距相对较小。

---

[1] 从收入不平等指标可分解性角度来看，广义熵指数 GE 是唯一可以运用于组间和组内收入差距分解的指数，且有总差距等于组间差距和组内差距之和。阿特金森指数也具有可分解性，但总的差距等于组间差距、组内差距和随机误差之和，而基尼系数并不满足分解的可加总性，因此在衡量地区之间和地区内部差异时并不适用（Shorrocks，1980）。

表 5.5　水稻种植农户人均纯收入不平等的衡量

样本省份	Gini	GE（0）	GE（1）	GE（2）	A（0.5）	A（2）
福建	0.31	0.18	0.20	0.30	0.09	0.32
广东	0.31	0.18	0.20	0.36	0.09	0.31
广西	0.40	0.27	0.31	0.51	0.14	0.39
贵州	0.41	0.31	0.32	0.54	0.14	0.47
海南	0.47	0.37	0.40	0.58	0.18	0.49
黑龙江	0.36	0.22	0.21	0.25	0.10	0.36
湖北	0.33	0.19	0.21	0.31	0.10	0.30
湖南	0.32	0.19	0.21	0.35	0.09	0.33
江苏	0.44	0.39	0.37	0.59	0.17	0.59
江西	0.43	0.30	0.31	0.42	0.14	0.42
四川	0.38	0.26	0.28	0.45	0.12	0.40
浙江	0.45	0.37	0.35	0.46	0.17	0.53
样本平均	0.48	0.40	0.43	0.70	0.19	0.52

②水稻种植农户农业收入不平等指标测算结果。水稻种植农户农业收入也存在较大差距，基尼系数为 0.48；广义熵指数 GE（0）、GE（1）和GE（2）分别为 0.45、0.42 和 0.65，省份内部差距的 GE（0）、GE（1）和GE（2）分别为 0.37、0.34 和 0.56，省份内部差距对总差距的贡献分别为82.32%、80.33% 和 86.03%，可以看出，与人均纯收入相比，农业收入组内差距对总收入差距的影响更大；阿特金森指数 A（0.5）、A（2）分别为 0.19和 0.64。从不同指标衡量的省份差距来看，海南、黑龙江 2 个省份的农户农业收入差距相对较大，而广东、湖北 2 个省份的农户农业收入差距相对较小。

表 5.6　水稻种植农户农业收入不平等的衡量

样本省份	Gini	GE（0）	GE（1）	GE（2）	A（0.5）	A（2）
福建	0.39	0.30	0.28	0.38	0.13	0.52
广东	0.35	0.23	0.24	0.44	0.11	0.40
广西	0.50	0.45	0.49	0.98	0.21	0.56
贵州	0.47	0.40	0.40	0.61	0.18	0.55
海南	0.51	0.50	0.49	0.90	0.22	0.67
黑龙江	0.59	0.93	0.60	0.66	0.31	0.88

续表

样本省份	Gini	GE（0）	GE（1）	GE（2）	A（0.5）	A（2）
湖北	0.35	0.25	0.22	0.27	0.11	0.45
湖南	0.36	0.27	0.28	0.51	0.12	0.48
江苏	0.44	0.43	0.35	0.46	0.17	0.65
江西	0.47	0.42	0.37	0.46	0.18	0.61
四川	0.46	0.40	0.37	0.52	0.17	0.57
浙江	0.42	0.31	0.30	0.41	0.14	0.48
样本平均	0.48	0.45	0.42	0.65	0.19	0.64

③水稻种植农户非农收入不平等指标测算结果。与人均纯收入和农业收入相比，水稻种植农户非农收入的差距相对更大，基尼系数为0.67；广义熵指数 GE（0）、GE（1）和 GE（2）分别为0.90、0.92和1.97，省份内部差距的 GE（0）、GE（1）和 GE（2）分别为0.54、0.47和1.24，省份内部差距对总差距的贡献分别为59.67%、50.73%和62.78%，可以看出，与人均纯收入和农业收入相比，非农收入组内差距相对较小；阿特金森指数 A（0.5）、A（2）分别为0.37和0.84。从不同指标衡量的省份差距来看，江苏、浙江2个省份的农户非农收入差距相对较大，而广西、黑龙江2个省份的农户非农收入差距相对较小。

表5.7 水稻种植农户非农收入不平等的衡量

样本省份	Gini	GE（0）	GE（1）	GE（2）	A（0.5）	A（2）
福建	0.54	0.55	0.55	0.97	0.24	0.70
广东	0.57	0.62	0.58	0.87	0.26	0.73
广西	0.38	0.29	0.24	0.26	0.12	0.64
贵州	0.46	0.45	0.42	0.81	0.19	0.68
海南	0.55	0.57	0.53	0.79	0.24	0.70
黑龙江	0.38	0.24	0.24	0.28	0.11	0.40
湖北	0.46	0.35	0.42	0.76	0.18	0.46
湖南	0.47	0.40	0.43	0.78	0.19	0.55
江苏	0.67	0.85	1.09	3.66	0.38	0.77
江西	0.58	0.68	0.65	1.16	0.28	0.86
四川	0.47	0.42	0.50	1.17	0.20	0.59
浙江	0.67	1.12	0.82	1.22	0.38	0.94
样本平均	0.67	0.90	0.92	1.97	0.37	0.84

5.3.2 土地规模对农户收入不平等的贡献

采用单一指标方法可以测算农户收入不平等以及组间和组内差距对不平等的贡献，但无法测算特定变量如土地规模、人力资本、农业制度与政策等因素对不平等的贡献，而基于回归方程的收入不平等分解可以较好地解决这一问题。基于回归方程对收入不平等的分解需要用到收入方程，在量化收入影响因素的同时，分析不同影响因素对收入不平等的贡献大小。

基于回归分解的方法最早由 Oaxaca（1973）和 Blinder（1973）提出，简称 Oacaca-Blinder 分解法，这一方法在性别工资差异分解上有广泛应用，但该方法仅对组间均值差异进行了分解，并不能量化各个因素对收入不平等的贡献。Morduch & Sicular（2002）和 Fields（2003）分别提出了基于水平收入方程和对数收入方程回归分解方法，可以较好地量化各因素对不平等的贡献，但这两种方法在收入方程的形式、不平等指标的选择上存在约束，使其适用性受到了限制（万广华，2009）。相比而言，万广华（2006）、Shorrocks（2013）提供了更具适用性的基于夏普里值的分解方法（Shapley procedure）。

夏普里值分解方法具有三大优点：以对称的方式处理所有不平等影响因素、各因素对不平等的贡献之和等于模型解释的比例、对不平等的贡献可以解释为相应的边际效应（Shorrocks，2013）。为此，本研究将基于夏普里值方法分析土地规模对水稻种植农户收入不平等的贡献。夏普里值分解方法计算较为复杂，具体可以参考 Shorrocks（2013），为便于说明，本研究仅列出了最终分解结果（见表5.8）。

表5.8　土地规模对水稻种植农户收入不平等的贡献

变量类型	变量	人均纯收入 /%	农业收入 /%	非农收入 /%
土地规模	人均耕地面积	26.14	30.86	15.62
人力资本	户主受教育年限	3.34	3.30	3.03
	参加技术培训	0.44	1.35	0.34
制度与政策	合作社社员	0.22	0.40	0.27
	获得农业补贴	0.43	0.41	0.29

续表

变量类型	变量	人均纯收入 /%	农业收入 /%	非农收入 /%
农户家庭特征	家庭人口数	1.20	3.47	4.21
	劳动力负担系数	2.49	2.26	4.79
	户主性别	0.03	0.29	0.10
	户主年龄	0.67	2.44	1.62
其他控制变量	地区虚拟变量	62.86	54.55	68.19
	年份虚拟变量	2.17	0.68	1.55

注：对水稻种植农户收入不平等的测算结果表明，省份差距是农户收入差距形成的重要原因，在分解土地规模对农户收入不平等贡献时，进一步控制县级虚拟变量，用以反映收入的地区差距。

从分解结果可以看出：

①土地规模对农户收入不平等的贡献。土地规模是影响农户收入差距的重要因素，对人均纯收入、农业收入和非农收入不平等的贡献分别为26.14%、30.86%和15.62%。相比非农收入而言，土地规模对农户农业收入差距的贡献更大。在当前土地流转不断加快的背景下，水稻种植农户通过规模经营实现了收入的增长，同时也拉大了农户之间农业收入的差距，加剧了农民在经济上的分化。

②人力资本对农户收入不平等的贡献。人力资本对水稻种植农户人均纯收入、农业收入和非农收入不平等的贡献分别为3.78%、4.65%和3.37%，总体而言并不高，表明对水稻种植农户而言，人力资本并不是拉大其收入差距的主要原因。这一现象的可能原因在于，水稻种植农户的受教育水平普遍偏低，而且技术培训形式较为统一，通常以集中授课和指导为主，从而表现为人力资本的同质化以及对收入差距较小的贡献。

③制度与政策对农户收入不平等的贡献。农户合作社社员身份以及农业补贴并未显著拉大农户收入差距，两者对水稻种植农户人均纯收入、农业收入和非农收入不平等的贡献分别为0.65%、0.81%和0.56%。农户参与合作社以及农业补贴这一制度与政策设计体现出较好的公平效应，即在影响农户收入结构与收入水平时，并未显著影响农户收入差距。

③农户家庭特征对农户收入不平等的贡献。家庭特征对水稻种植农户收入不平等有一定影响，对农户人均纯收入、农业收入和非农收入不平等

的贡献分别为 4.39%、8.46% 和 10.72%，农户家庭人口数、劳动力负担系数更多的是影响非农收入差距，两者对非农收入差距的贡献分别为 4.21% 和 4.79%。

⑤地区差异和时间差异对农户收入不平等的贡献。影响农户收入不平等的因素中，地理因素起到了决定作用，地区虚拟变量对水稻种植农户人均纯收入、农业收入和非农收入不平等的贡献分别为 62.86%、54.55% 和 67.98%，表明我国地区经济发展差距在农村也较为明显，经济发展水平较高的地区农户收入水平与经济发展水平较低的地区农户收入水平存在较大差距。此外，从年份虚拟变量对收入差距的贡献可以看出，随着经济增长，农户收入差距也呈扩大趋势。

5.4　土地规模对农户风险收益的影响分析

水稻生产受社会经济环境和自然环境影响较大，具有高风险的特点（Kim & Pang，2009；Villano & Fleming，2006）。近年来，随着我国工业化、城镇化的快速发展，粮食生产成本快速上涨，要素市场价格波动、涉农政策变动对粮食生产的影响得以放大，使粮食生产的市场风险和政策风险不断提高；此外，最近几年自然灾害进入高发期，水旱灾害频发更是增加了粮食生产的自然风险（徐磊和张岣，2011）。农户是粮食生产的主体，随着土地规模的扩大，农户风险偏好和风险管理行为会发生变化（Feder，1980；Menapace，et al.，2013），面对日趋多样化和复杂化的风险，如何防范与化解风险、减少风险损失已成为水稻种植农户生产经营决策的重要内容，并最终影响农户收入水平（程杰和吴连翠，2015）。因而，下面将按照水稻生产风险来源、水稻生产风险量化、水稻生产风险管理的逻辑，分析土地规模扩大后农户风险性质可能发生的改变以及风险性质改变对农户收入的潜在影响。

5.4.1　水稻生产风险来源

水稻是我国重要的粮食作物，其生产风险具有一般粮食作物生产风险的共性。粮食生产风险具有多样化特点，按其主要来源分类，包括自然风险、市场风险和制度风险（曾玉珍和穆月英，2011）。

（1）自然风险

粮食生产对自然资源依赖较大，气候资源、土地资源、水资源的变化都会对粮食生产造成影响，自然条件的变化对粮食生产影响尤为突出，如全球气候变暖改变了粮食生产的适宜条件，使我国粮食生产重心发生了移动，以及由气候变化导致的干旱、高温、洪涝、台风、冻雪等自然灾害对粮食生产也造成了诸多不确定性影响。

（2）市场风险

要素市场价格（劳动力价格、土地价格、农用生产资料价格）波动、产品市场价格波动、市场交易规则变化都会影响粮食生产者的预期，从而改变种粮农户的生产决策行为，如我国粮食生产同时面临着成本地板和产品价格天花板的双重挤压，利润空间的缩小放大了市场波动对粮食生产影响的不确定性。

（3）制度风险

土地利用变化、涉农政策变化、地权稳定性等都会影响农户种粮行为，如土地利用性质调整、农地流转中地权的稳定性、农业补贴政策变动等制度环境的改变都会对农户生产性投资行为产生影响，从而增加粮食生产的不确定性。

（4）其他风险

粮食生产还受到诸如技术变化、生产者个人特征、突发事件等其他风险的影响。

需要指出的是，粮食生产风险来源多样而且形成机理复杂，在理论上对粮食生产风险进行区分较为容易，但现实中，粮食生产风险通常表现为多风险的联动影响（Picazo-Tadeo & Wall，2011）。例如，自然灾害导致的粮食减产会引起粮食价格的波动，粮食价格的波动会影响农业政策的变动，而农业政策的变动又会影响要素的相对价格，即水稻生产自然风险、市场风险和制度风险相互作用，对水稻种植农户种粮收益产生综合影响（见图5.2）。因而，在考虑生产风险的情况下，可以对影响水稻种植农户收入水平的风险因素进行综合分析。

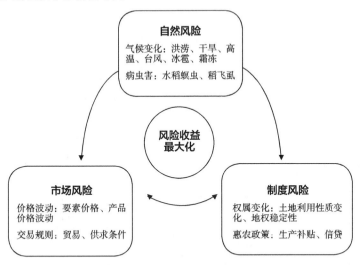

图 5.2 水稻生产风险来源的交互影响

5.4.2 水稻生产风险量化

对于水稻种植农户而言，无论是自然风险、市场风险、制度风险或者其他风险，其影响最终将表现为收益的不确定性，因而可以用方差、标准差、绝对偏差、变异系数等指标对风险进行量化[①]。方差、标准差、绝对偏差、变异系数值越大，水稻生产风险也越大。在风险量化指标中，方差、标准差、绝对偏差和变异系数存在一定的换算关系，虽然计算结果数值不同，但所得结论基本相同，并且变异系数不需要参照数据均值，可用于比较不同量纲数据的离散程度，因而后续分析中主要采用变异系数这个指标。

变异系数 cv 又称单位风险，计算公式为

$$cv = \frac{\left[\frac{1}{n}\sum_{i}^{n}\left(x_i - \bar{x}\right)^2\right]^{\frac{1}{2}}}{\bar{x}} \tag{5.5}$$

式中：x_i 为农户 i 的亩均水稻收益，以亩均净利润表示；$\bar{x}$ 为收益的均值；n

---

① 采用风险损失也可以量化粮食生产风险，如受灾面积、成灾率、因灾损失等，但这一类指标更多的是强调风险带来的损失，忽略了风险可能带来的收益，对水稻种植农户而言，其风险管理不仅在于减少风险损失，还在于风险条件下期望收益的最大化，因而本研究主要采用收益的不确定性来量化水稻生产风险。

为农户数。计算结果如表 5.9 所示。为便于比较，表 5.9 中同时给出了亩均水稻收益的均值和标准差。

表 5.9　水稻种植农户亩均收益的风险水平

样本省份	均值 / 元	标准差 / 元	变异系数
福建	226.66	352.82	1.56
广东	31.26	243.43	7.79
广西	80.02	273.68	3.42
贵州	198.36	375.86	1.89
海南	11.99	317.15	26.45
黑龙江	28.06	219.00	7.80
湖北	336.35	342.47	1.02
湖南	103.16	267.63	2.59
江苏	585.93	326.22	0.56
江西	343.71	333.74	0.97
四川	310.19	269.50	0.87
浙江	172.59	298.06	1.73
样本平均	194.18	361.83	1.86

由表 5.9 可知，水稻种植农户亩均收益水平为 194.18 元，不同省份之间农户亩均收益水平存在较大差异，江苏省的水稻种植农户亩均收益最高，为 585.93 元，海南省的最低，为 11.99 元，两者相差 573.94 元。农户水稻生产的单位风险水平（变异系数均值）为 1.86，且不同省份水稻生产风险存在较大差异。按照不同风险等级来划分，单位风险水平小于 1 的为低风险组，1~2 的为较低风险组、2~5 的为较高风险组，大于 5 的为高风险组。可以看出，江苏、江西和四川为水稻生产低风险组，福建、贵州、湖北和浙江为水稻生产较低风险组，广西和湖南为水稻生产较高风险组，广东、海南和黑龙江为水稻生产高风险组。

5.4.3　水稻生产风险管理

（1）水稻种植农户风险管理行为分析

农户是农业生产经营主体，同时也是风险应对与风险管理的主体。针对复杂多样的粮食生产风险，农户风险管理行为主要有以下 5 种方式（Harwood, et al., 1999；Moschini & Hennessy, 2001）。

①购买农业保险。购买农业保险是农户应对粮食生产自然风险的主要措施之一。面对不可预期的自然灾害，农户通过购买农业保险，可以使期望收益达到最大化，提高抵御自然风险的能力。

②签订销售合约。签订销售合约是农户应对粮食生产市场风险的主要措施之一。农户通过与企业或经销商签订购销合约，可以稳定粮食生产预期，有效降低市场价格波动对粮食生产的影响。

③多元化经营。多元化经营也是农户应对粮食生产风险的重要措施。通过生产项目的多元化，粮食生产农户可以减少对某种单一农产品的依赖性，从而有效降低因品种单一而带来的自然风险和市场价格波动风险。

④组织化与合作化。组织化与合作化在粮食生产风险管理中有着重要作用。对于单个农户而言，组建或参加农民专业合作社可以提高其组织化程度，增强应对自然风险、市场风险和制度风险的能力。

⑤兼业化与非农化。兼业化与非农化也是农户应对粮食生产风险的重要举措。农户利用粮食生产季节性特点从事非农工作，可以扩展家庭收入来源，减少对粮食生产的依赖度，降低粮食生产风险的影响。

在这一系列风险管理措施中，购买农业保险、签订销售合约、组织化与合作化这 3 项措施与粮食生产产业化、规模化密切相关，因而后续将重点分析水稻种植农户这 3 项风险管理措施的绩效。

（2）水稻种植农户风险管理行为绩效评价

土地规模、风险管理行为是影响农户水稻种植收益的重要因素，同时土地规模也对农户风险管理行为产生影响（见图 5.3）。采用单一回归方程并不能很好地区分出水稻种植农户风险管理行为绩效，根据土地规模、风险管理行为、风险收益 3 者的关系，研究中采用中介效应分析方法，在风险条件下实证分析土地规模对水稻种植农户收益水平的影响。

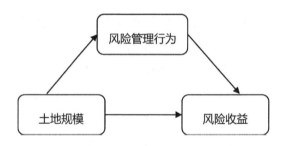

图 5.3　土地规模、风险管理行为与农户风险收益关系

中介效应分析方法可以用于深入分析变量之间的影响过程和影响机制。参考温忠麟和叶宝娟（2014）的研究，假设有土地规模 x、风险管理行为 m、风险收益 y 3 个变量，且这 3 个变量均已标准化，按照变量间的相互关系，对应的方程为

$$y_{it} = cx_{it} + \varepsilon_1 \tag{5.6}$$

$$m_{it} = ax_{it} + \varepsilon_2 \tag{5.7}$$

$$y_{it} = c'x_{it} + bm_{it} + \varepsilon_3 \tag{5.8}$$

根据方程（5.6）~（5.8），中介效应分析方法的一般步骤如下。

首先，估计方程（5.6），检验土地规模对风险收益的影响是否显著，即系数 c 的显著性。系数 c 代表土地规模对风险收益的总效应。

其次，估计方程（5.7）和方程（5.8），检验土地规模对风险管理行为的影响是否显著，即系数 a 的显著性，以及系数 b 的显著性。若 a、b 都显著，则检验系数 c' 的显著性：若 c' 显著，则中介效应显著；若 c' 不显著，则为完全中介效应显著。系数 c' 为直接效应，ab 为中介效应，中介效应反映了土地规模通过风险管理行为影响收益的程度，可以对水稻种植农户风险管理行为绩效做出评价。中介效应与总效应、直接效应的关系为：$ab = c - c'$。

按照上述分析方法，我们分别对水稻种植农户购买农业保险（m_1）、签订销售合约（m_2）、组织化与合作化（m_3）3 项风险管理行为的绩效进行分析。在变量的选择上，本研究以人均耕地面积表示土地规模，以亩均收益水平表示风险收益，以水稻种植农户是否购买水稻保险、是否订单销售、是否农民专业合作社社员表示风险管理行为。在回归分析之前，本研究对所有变量均进行标准化处理。总效应、直接效应和中介效应估计及检验结果如表 5.10 所示。

表 5.10　水稻种植农户风险管理行为绩效评价

风险管理行为	总效应 c	直接效应 c'	中介效应 ab	中介效应是否显著
购买农业保险	−0.0497	−0.0615	0.0118	是
签订销售合约	−0.0497	−0.0604	0.0107	是
组织化与合作化	−0.0497	−0.0558	0.0062	是

中介效应分析结果表明，土地规模对农户水稻风险收益有显著的负效应，即规模越大，风险收益也相对越低。同时，水稻种植农户风险管理行为（m_1，m_2，m_3）具有显著的中介效应，购买水稻保险（m_1）、签订销售合约（m_2）、组织化与合作化（m_3）的中介效应分别为 0.0118、0.0107 和 0.0062，表明土地规模会通过改变农户风险管理行为对农户水稻种植收益产生正向影响。

由中介效应估计与检验结果可以构建风险条件下土地规模对农户收益水平的影响机制（见图 5.4）。由图 5.4 可以得到 3 点结论。

①从主效应估计结果来看，土地规模对风险收益具有显著负向影响，影响系数为 −0.0497，在 5% 的水平上显著；而风险收益对农户家庭人均纯收入水平具有显著正向影响，影响系数为 0.0002，在 10% 的水平上显著；土地规模对农业收入同样具有显著正向影响，影响系数为 0.0003，在 1% 的水平上显著。

②土地规模对风险管理行为（m_1，m_2，m_3）具有显著正向影响，对购买农业保险（m_1）、签订销售合约（m_2）、组织化与合作化（m_3）的影响系数分别为 0.2131、0.0490 和 0.0637，均在 1% 的水平上显著，表明土地规模的变化会影响农户风险管理行为，规模越大的农户越倾向于采用这类风险管理措施。

③风险管理行为对风险收益具有显著正向影响，影响系数分别为 0.0553、0.2188 和 0.0966，均在 1% 的水平上显著，表明风险管理措施有利于实现水稻种植农户风险收益最大化。

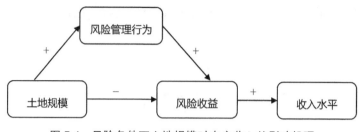

图5.4　风险条件下土地规模对农户收入的影响机理

5.5　本章小结

本章围绕土地规模与农户收入问题，在分析水稻种植农户收入来源、构成以及规模差异的基础上，通过构建收入决定方程，量化分析了土地规模对农户家庭人均纯收入、农业收入和非农收入的影响；综合采用基尼系数、广义熵指数、阿特金森指数等收入不平等衡量指标，对水稻种植农户人均纯收入、农业收入和非农收入的不平等程度进行了衡量，然后采用夏普里值分解方法测度了土地规模以及人力资本、农业制度与政策等因素对收入不平等的贡献；按照水稻生产风险来源、风险量化、农户风险管理行为与绩效的逻辑，采用中介效应分析方法分析了风险条件下土地规模对水稻种植农户风险收益以及收入水平的影响过程和影响机理。

（1）主要结论

①水稻种植农户家庭人均纯收入为1.43万元，非农收入和农业收入占总收入的比重分别为56%和44%，不同规模农户之间收入差异明显，大规模农户人均纯收入水平和农业收入水平显著大于小规模农户，分别高出0.81万元和0.86万元，而大规模农户非农收入水平略低于小规模农户，低约0.06万元。

②土地规模是影响农户收入水平的重要因素，且对不同收入来源影响存在显著差异性，土地规模的扩大显著提高了农户人均纯收入和农业收入水平，但是不利于非农收入水平的提高，人均耕地面积每增加1亩，农户人均纯收入将提高1.31%，农业收入将提高2.22%，而非农收入会降低3.35%。

③水稻种植农户存在较大的收入差距，人均纯收入、农业收入和非农收入的基尼系数分别为 0.48、0.48 和 0.67，广义熵指数和阿特金森指数分析结果与基尼系数分析结果相同，并且土地规模的差异会造成农户收入不平等。夏普里值分解结果显示，土地规模对农户人均纯收入、农业收入和非农收入不平等的贡献率分别为 26.14%、30.86% 和 15.62%。

④在影响农户收入水平和收入不平等的其他因素中，教育水平、农业技术培训以及农业补贴等人力资本和农业制度与政策变量对水稻种植农户人均纯收入、农业收入都有显著正向影响，人力资本、农业制度与政策能够解释水稻种植农户人均纯收入、农业收入和非农收入不平等的 4.44%、5.45% 和 3.93%。

⑤土地规模、风险管理行为是影响农户水稻种植收益的重要因素，土地规模对风险收益具有显著负向影响，即土地规模越大，风险收益相对越低，而风险管理行为对风险收益有显著正向影响，即风险管理措施有利于实现水稻种植农户风险收益的最大化。中介效应分析表明，土地规模会通过改变农户风险管理行为对农户水稻种植收益产生正向影响。

（2）启示与思考

①水稻种植农户在收入来源、结构和规模上均存在显著差异，提高农民收入水平，需要根据不同农户收入结构特征、规模差异特征制定有针对性的措施，对以家庭经营性收入来源为主的农户和以工资性收入来源为主的农户制定不同的帮扶政策。

②土地规模对农户收入水平的影响存在结构调整效应，扩大土地经营规模有利于提高农户的农业收入水平，但规模经营会抑制农户的非农就业行为，从而不利于非农收入的增长。从提高农民农业收入角度来看，适度规模经营仍有必要，但可以预见，在推进适度规模经营的同时也会加速农民群体之间的分化。

③除了地理因素，土地规模的差异也会造成农户收入不平等，而且土地规模对农户农业收入不平等的贡献尤为突出，因而，适度规模经营的开展需要防范农民内部收入差距的拉大。在推进土地流转过程中，需要重点关注小规模农户和转出户的非农就业，提供更多的非农就业机会，为其收

入增长提供保障。

④人力资本和农业制度与政策是影响农户收入水平的重要因素，教育水平、农业技术培训等人力资本积累有利于农户收入水平的提高，而农业补贴等产业发展政策在农户收入增长中也有一定积极作用，因此有必要加强农民培育，进一步完善农业补贴政策，提高补贴的力度和水平。

⑤在考虑风险的情况下，土地规模对风险收益具有显著的负向影响，但土地规模会通过改变农户风险管理行为正向影响水稻种植农户风险收益水平。粮食生产是具有较高风险的产业，在推进适度规模经营过程中，需要充分考虑农户风险管理行为随土地经营规模的变化情况，进而实现风险收益最大化。

第6章

土地规模对水稻种植农户生产效率的影响分析

生产效率是评价土地规模经营绩效的又一重要标准，常用的效率指标包括土地生产率、劳动生产率、成本利润率，以及考虑产出损失或投入冗余的技术效率、规模效率、成本效率等。本章依旧采用农户调查数据，从亩均产量、生产成本、利润等角度，测算了水稻种植农户的生产效率，并分析了土地经营规模与生产效率的关系，通过对规模与效率的非线性关系的探讨，总结出我国水稻种植的最优规模区间，即适度规模经营区间。

6.1 生产效率的分类及其特征

生产效率是农业经济学研究的重要内容，在绩效评价中有着广泛的应用。生产效率是一个多维度综合性概念，包括土地生产率、劳动生产率、成本利润率、全要素生产率、技术效率、规模效率和成本效率等内容，不同效率指标的政策含义也不尽相同（李谷成等，2010）。土地生产率、劳动生产率、成本利润率和全要素生产率是从生产率角度来衡量生产效率，而技术效率、规模效率和成本效率则是从效率角度来衡量生产效率。在理论分析中，生产率（productivity）与效率（efficiency）两者的概念并不相同，生产率又称生产力，是产出与投入的比值；效率又称有效性，在生产率计算的基础上考虑了产出损失或投入冗余。图6.1简要说明了两者的区别与联系。

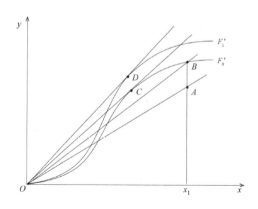

图 6.1　生产前沿与生产率和效率

图 6.1 假定农户使用单一要素生产单一产品，OF' 为其生产前沿，即要素在不同投入水平下的最大产出集合，OF_0' 和 OF_1' 代表不同技术条件下（通常为不同时期）的生产前沿。生产前沿与 x 轴之间的区域构成了生产的可能性集，处在生产前沿上的点为技术有效的点，如点 B、C、D，而生产可能性集中非前沿上的点为技术无效率的点，如点 A，由 O 点出发的射线 OA、OB、OC、OD 的斜率反映了生产率的大小。①点 A 向点 B 移动。由点 A 向点 B 的移动意味着技术效率的提高（产出损失的减少），此时生产率的提高来源于技术效率的提高。②点 B 向点 C 移动。对于同在生产前沿上的点 B 和点 C，由点 B 向点 C 的移动意味着规模经济（规模最优），此时生产率的提高来源于规模经济。③点 C 向点 D 移动。对于不同技术水平下生产前沿上的点 C 和点 D，由点 C 向点 D 的移动意味着技术进步（技术条件改善），此时生产率的提高来源于技术进步。可以看出，生产率的提高来自技术效率提高、规模经济和技术进步的一种或多种组合，效率的提高并不必然带来生产率的提高；同样，生产率的提高也不一定是由效率提高引起的（Farrell，1957）。

根据研究的目的和数据特点，本研究主要选择了土地生产率、劳动生产率、成本利润率、技术效率和成本效率这 5 个生产效率指标来探讨土地规模与生产效率之间的关系 [①]。不同生产效率指标的内涵、特征及政策含义均不相同（见表 6.1）。

表 6.1　生产效率的分类及特征

效率指标	定义	内涵	效率损失	政策目标
土地生产率	$\dfrac{产出}{土地面积}$	单位面积产出水平	否	粮食安全
劳动生产率	$\dfrac{产出}{劳动投入}$	单位劳动产出水平	否	农民增收
成本利润率	$\dfrac{利润}{成本}$	经济效益最大化	否	供给侧结构性改革降成本、农民增收
技术效率	$\dfrac{实际产出}{最大产出}$	既定投入下最大化产出能力	是	粮食安全
成本效率	$\dfrac{最小成本}{实际成本}$	既定产出下最小化成本能力	是	供给侧结构性改革降成本、农民增收

　　土地生产率和劳动生产率是常用的单要素生产率指标，反映了产出与单一要素投入的比值关系，常用单位面积产量或产值和劳均产量或产值表示，土地生产率、劳动生产率分别考虑了产量目标和收入目标，提高土地生产率的首要目标在于保障粮食安全，而提高劳动生产率的首要目标在于促进农民增收；成本利润率反映了总产量与总投入的比值关系，体现了农户利润最大化的动机和理性，提高粮食生产成本利润率对于降低粮食生产成本、促进农民收入增长具有重要意义；技术效率体现了农户最大化产出的能力，目标在于既定投入的产出最大化，提高技术效率对于保障粮食安全有重要意义；成本效率又称经济效率，反映了农户在既定产出下以最小成本进行生产的能力，提高成本效率对于降低粮食生产成本、促进农民增收意义重大。从效率损失假定来看，土地生产率、劳动生产率和成本利润

---

①　本研究并没有选择规模效率和全要素生产率指标，主要出于两点考虑：一是在规模报酬可变的情况下，技术效率可以分解为纯技术效率和规模效率，规模效率直接体现了规模效应导致的效率变化，无法再对规模对效率的影响进行计量分析，因而本研究转而分析规模报酬和规模经济效应；二是本研究的数据为非平衡的短面数据，数据时间跨度为 3 年，每年观测的农户有较大变化，测算全要素生产率会导致大量样本损失从而影响计算精度。

率均假定不存在效率损失，而技术效率和成本效率则包含了效率损失的假定。由于存在效率损失，实际产出总是小于或等于最大产出，最小成本总是小于或等于实际成本，因而技术效率和成本效率的取值为 [0，1]，越接近于 1 则效率损失越少，提高技术效率和成本效率在于减少效率损失。

6.2　土地生产率、劳动生产率和成本利润率

6.2.1　研究设计

（1）土地生产率、劳动生产率和成本利润率的分布特征

以农户亩均水稻产量表示土地生产率（总产量 ÷ 播种面积），以劳均产量表示劳动生产率（总产量 ÷ 劳动用工），以亩均利润和亩均成本的比值表示成本利润率（亩均利润 ÷ 亩均成本）。从土地生产率、劳动生产率和成本利润率统计特征来看（见表 6.2），水稻种植农户亩均产量为 505.65千克，劳均产量为 102.28 千克，成本利润率为 0.23，对应中位数分别为500 千克、81.21 千克和 0.15；相对土地生产率，劳动生产率和成本利润率呈明显偏态分布（见图 6.2）。

表 6.2　土地生产率、劳动生产率和成本利润率的统计特征

效率指标	均值	中位数	标准差	最小值	最大值
土地生产率	505.65	500.00	109.45	125.00	975.00
劳动生产率	102.28	81.21	71.28	9.38	882.78
成本利润率	0.23	0.15	0.37	−0.69	2.36

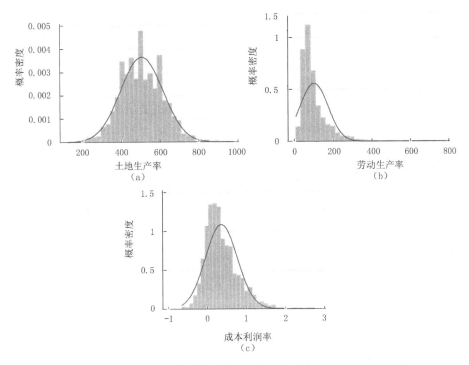

图 6.2　土地生产率、劳动生产率和成本利润率的分布特征

（2）研究方法

为分析土地规模对土地生产率、劳动生产率和成本利润率的影响，构建的计量模型为

$$y_j = \alpha + S\delta + Z\beta + \xi, \ j=1,2,3 \tag{6.1}$$

式中：y_1、y_2 和 y_3 分别为土地生产率、劳动生产率和成本利润率；S 为农户土地规模变量，包括稻田面积和面积的平方；Z 为其他控制变量，包括耕地特征、市场完善程度和农户个体特征；α、δ、β 为待估参数；ξ 为随机扰动项。

采用 OLS 估计可以得到土地规模变量的估计系数，由参数估计值可以判断土地规模对生产效率影响大小、方向和程度。然而，OLS 是均值回归，仅反映了解释变量对被解释变量条件期望的边际影响，无法观察到土地规模对生产效率不同分布区间上的影响差异。分位数回归有效弥补了这一不足，分位数回归反映了解释变量对被解释变量在特定分位点上的边际影响，可以提供关于条件分布更为全面的信息，而且分位数回归采用绝对值加权平均作为最小化目标函数，受极端值影响小，估计结果更为稳健（Koenker & Bassett，1978）。为分析不同生产效率水平上土地规模对其影响的差异，在式（6.1）的基础上构建分位数回归模型，即

$$Q_\theta(y_j|s,z) = \alpha_\theta + S\delta_\theta + Z\beta_\theta, \quad j=1,2,3 \tag{6.2}$$

式中：$Q_\theta(y_j|s,z)$ 为条件分位函数；θ 为分位点，实证研究中分别取 0.1、0.5 和 0.9 这 3 个分位点进行模型估计；其他变量和参数定义与式（6.1）相同。

（3）变量选择

①土地规模变量。土地规模是本研究关注的重点变量，以农户稻田面积来表示，同时为反映土地规模对生产效率的非线性影响，考虑了稻田面积的平方项。

②耕地特征变量。本研究参考杨钢桥等（2011）、王建英等（2015）、郭贯成和丁晨曦（2016）的研究，选择土地细碎化、耕地利用强度和耕地质量 3 个特征变量，分别以农户稻田块数表示土地细碎化程度，以复种指数表示耕地利用强度，以稻田流转地价格作为耕地质量的代理变量。

③市场完善程度。本研究参考李谷成等（2010）的研究，从产品市场和要素市场两个角度考虑，选取市场化程度和信贷可得性两个指标，以农户是否采用订单销售表示市场化程度，以农户是否获得信贷表示信贷可得性。若是，取值为 1；若否，取值为 0。

④农户个体特征。本研究控制户主性别、年龄、教育、经验，以及家庭劳动力人数和家庭人均纯收入等个体特征差异对生产效率的潜在影响。

⑤其他控制变量。本研究控制村变量和年份变量。

6.2.2 土地规模对土地生产率的影响分析

本研究首先采用 OLS 估计模型，分析土地规模对土地生产率的影响，然后采用分位数回归方法，分析土地规模对土地生产率不同分位点条件分位数的影响，模型估计结果如表 6.3 所示。分位点 0.1、0.5 和 0.9 对应的土地生产率分别为 375 千克、500 千克和 650 千克。

（1）土地规模对土地生产率的影响

从 OLS 估计结果来看，土地规模与土地生产率呈 U 形关系，随着土

地规模的扩大，土地生产率呈先下降后上升的趋势：在临界规模（499 亩）的两侧，土地规模与土地生产率呈相反关系；在临界规模的左侧，土地规模与土地生产率呈负向关系；而在临界规模的右侧，土地规模与土地生产率呈正向关系。从分位数回归结果可以看出，土地规模与土地生产率的 U 形关系仍然显著，并且随着分位数的增加（0.1 → 0.5 → 0.9），临界规模也在逐渐变大（255 亩 → 498 亩 → 567 亩），土地生产率提高意味着临界规模变大。

（2）耕地特征对土地生产率的影响

从耕地特征变量估计系数来看，土地细碎化对土地生产率有显著负向影响，并且对低土地生产率农户的影响大于高土地生产率的农户，通过土地整理减少土地细碎化程度仍是提高土地生产率的有效途径；复种指数对土地生产率也有负向影响，并且对高土地生产率农户的影响大于低土地生产率农户，复种的优势在于提高粮食总产量，但并没有显著提高单产水平，这与朱德峰等（2010）的研究结果相同；耕地质量对土地生产率有一定正向影响，对低土地生产率农户的影响尤为明显，但对高土地生产率农户的影响并不显著。

（3）市场完善程度对土地生产率的影响

市场化程度和信贷可得性对土地生产率都有显著正向影响，表明农户的市场参与程度越高，要素市场越完善，农户土地生产率也越高。当前，稳定种粮农户收益预期，进一步完善信贷市场，对于提高粮食产量仍有重要意义。

（4）个体特征对土地生产率的影响

农户个体特征变量中，家庭人均纯收入对土地生产率有显著正向影响，其分位数回归系数呈先上升后下降的趋势，表明家庭人均纯收入对土地生产率条件分布中间部分农户的影响大于对两端农户的影响。提高农民收入水平对低土地生产率和高土地生产率农户的影响小于中间部分的农户。

表6.3　土地规模对农户土地生产率的影响

变量	OLS	QR_10	QR_50	QR_90
稻田面积	−0.1995*** （0.0455）	−0.1018** （0.0486）	−0.1991*** （0.0534）	−0.3399*** （0.0601）
面积的平方	0.0002*** （0.0000）	0.0002*** （0.0001）	0.0002*** （0.0001）	0.0003*** （0.0001）
稻田块数	−0.5138*** （0.0831）	−0.8398*** （0.2071）	−0.5982*** （0.0601）	−0.3097** （0.1296）
复种指数	−92.4381*** （5.3912）	−20.9788** （9.4647）	−100.5201*** （7.3834）	−138.6181*** （10.0929）
稻田质量	0.1011*** （0.0261）	0.3018*** （0.0426）	0.0470 （0.0297）	−0.0696 （0.0477）
市场化程度	29.0271*** （6.7667）	69.3201*** （15.2340）	13.8268* （7.7151）	24.9271*** （6.7716）
信贷可得性	51.1066*** （7.2617）	41.6832*** （14.9399）	63.1475*** （8.9750）	55.5082*** （16.8562）
户主性别	17.4201** （7.7881）	4.7008 （20.4264）	23.8734*** （5.9810）	5.4656 （7.4549）
户主年龄	−0.1172 （0.3751）	0.4368 （0.4801）	−0.1676 （0.3736）	0.3182 （0.4312）
户主受教育年限	1.3123* （0.7860）	−0.1390 （0.9754）	2.1227* （1.1635）	0.8558 （1.1982）
户主水稻种植 年限	0.7277** （0.3038）	0.3385 （0.4392）	0.5895 （0.3688）	0.3182 （0.4975）
家庭劳动力人数	−1.4285 （1.7371）	−2.8117 （2.8466）	−0.0406 （2.0513）	1.6094 （2.6528）
家庭人均纯收入	8.2258*** （1.4215）	7.5970*** （2.1171）	10.2259*** （1.6429）	8.7080*** （1.9890）
村变量	0.0016*** （0.0006）	−0.0010 （0.0008）	0.0025*** （0.0007）	0.0038*** （0.0013）
年份变量	−4.2089 （2.6204）	4.1951 （4.2159）	−3.0634 （2.7912）	−0.5085 （4.1895）
常数项	488.9746*** （22.6735）	260.3951*** （34.9592）	492.9144*** （25.5477）	644.5644*** （49.0849）
R^2	0.2690	0.1570	0.1936	0.1863

注：1.***，**，*分别表示在1%，5%和10%的水平上显著；

2.括号内为标准误差。

6.2.3　土地规模对劳动生产率的影响分析

本研究采用与第 6.2.2 节相同的方法分析土地规模对劳动生产率的影响，OLS 回归结果和分位数回归结果如表 6.4 所示。分位点 0.1、0.5 和 0.9 对应的劳动生产率分别为 44 千克、81 千克和 191 千克。

（1）土地规模对劳动生产率的影响

从 OLS 估计结果来看，土地规模与劳动生产率呈倒 U 形关系，随着土地规模的扩大，劳动生产率呈先上升后下降的趋势，劳动生产率最大值对应的土地规模为 740 亩；从分位数回归结果来看，土地规模与劳动生产率之间的倒 U 形关系仍然显著，并且随着分位数的增加（0.1→0.5→0.9），使劳动生产率达到最大的土地规模也在逐渐变大（422 亩→718 亩→1052 亩），较高的劳动生产率对应的最优规模也较大。

（2）耕地特征对劳动生产率的影响

耕地特征对劳动生产率的影响存在一定差异。土地细碎化对劳动生产率有负向影响，且对高劳动生产率农户的影响更大；复种指数对低劳动生产率的农户有显著正向影响，而对高劳动生产率的农户有显著负向影响，表明提高复种指数对低劳动生产率农户而言可以提高劳动生产率，但对高劳动生产率的农户却有相反作用；耕地质量对劳动生产率有正向影响，且对低劳动生产率的农户影响更大。

（3）市场完善程度对劳动生产率的影响

市场化程度对劳动生产率有显著正向影响，且对高劳动生产率农户的影响显著大于对低劳动生产率农户的影响，表明促进市场参与受益最大的是高劳动生产率的农户；信贷可得性对劳动生产率有正向影响，且对高劳动生产率的农户影响更大，但这种影响并不显著。

（4）个体特征对劳动生产率的影响

农户个体特征变量中，户主受教育年限对劳动生产率有正向影响，并且对高劳动生产率的农户影响相对更大，表明提高农户教育水平有利于提高劳动生产率；家庭劳动力人数对劳动生产率有一定负向影响，但随着劳动生产率的提高，这种负向影响也在减弱；家庭人均纯收入对低劳动生产率的农户有正向影响，但对高劳动生产率的农户有负向影响。

表6.4　土地规模对农户劳动生产率的影响

变量	OLS	QR_10	QR_50	QR_90
稻田面积	0.2961*** （0.0318）	0.1688*** （0.0434）	0.2871*** （0.0519）	0.6314*** （0.1460）
面积的平方	−0.0002*** （0.0000）	−0.0002*** （0.0001）	−0.0002** （0.0001）	−0.0003*** （0.0001）
稻田块数	−0.1501*** （0.0580）	−0.0526 （0.0447）	−0.1241*** （0.0469）	−0.3205 （0.3006）
复种指数	−6.1180 （3.7654）	5.4140*** （1.1497）	0.0578 （2.9795）	−33.0100** （12.9567）
稻田质量	0.0827*** （0.0182）	0.1056*** （0.0128）	0.0923*** （0.0135）	0.0240 （0.0493）
市场化程度	29.5479*** （4.7260）	5.1454** （2.2485）	12.1798*** （2.5435）	63.3378*** （15.1083）
信贷可得性	1.3549 （5.0717）	3.2239 （2.2463）	5.6131 （3.6399）	8.7606 （15.8086）
户主性别	2.4021 （5.4394）	1.3042 （1.8425）	4.3827 （3.1447）	8.4599 （10.7665）
户主年龄	0.1172 （0.2620）	−0.0881 （0.0904）	0.0639 （0.2130）	−0.3613 （0.7124）
户主受教育年限	1.5512*** （0.5490）	0.7231** （0.2870）	0.9316** （0.3810）	0.9374 （1.4054）
户主水稻种植年限	0.1636 （0.2122）	0.1728 （0.1089）	−0.0294 （0.1576）	0.4321 （0.7396）
家庭劳动力人数	−3.3192*** （1.2132）	−1.2279** （0.6024）	−0.9599 （0.6448）	−0.4599 （2.8917）
家庭人均纯收入	1.8066* （0.9928）	0.8402 （0.8241）	2.4923*** （0.8883）	−1.7273 （2.5740）
村变量	0.0032*** （0.0004）	0.0017*** （0.0002）	0.0026*** （0.0003）	0.0065*** （0.0011）
年份变量	3.3250* （1.8301）	−2.1543*** （0.7278）	−0.5700 （1.0303）	8.0258* （4.6942）
常数项	−8.1479 （15.8357）	−14.4009** （6.5776）	−7.6784 （11.5349）	48.1985 （56.2765）
R^2	0.3045	0.1570	0.2117	0.2137

注：1.***，**，* 分别表示在1%，5%和10%的水平上显著；

2.括号内为标准误差。

6.2.4　土地规模对成本利润率的影响分析

土地规模对成本利润率影响的 OLS 和分位数回归结果如表 6.5 所示。分位点 0.1、0.5 和 0.9 对应的成本利润率分别为 –0.16、0.15 和 0.72。

（1）土地规模对成本利润率的影响

土地规模与成本利润率呈 U 形关系，但从 OLS 估计结果和分位数估计结果来看，土地规模对成本利润率影响并不显著。土地规模的扩大并没有显著提高成本利润率，这种影响差异在低成本利润率农户和高成本利润率农户之间也并不明显。

（2）耕地特征对成本利润率的影响

耕地特征变量中，土地细碎化对成本利润率并没有显著影响，且对低成本利润率和高成本利润率农户的影响大致相同；复种指数对成本利润率有显著负向影响，并且对高成本利润率农户的影响显著大于对低成本利润率农户的影响，这表明提高复种指数不利于提高经济效益，也是我国多季稻种植明显减少的内在原因；耕地质量对成本利润率有一定负向影响，且对高成本利润率农户影响更大。

（3）市场完善程度对成本利润率的影响

市场化程度对成本利润率有显著正向影响，并且对高成本利润率农户的影响大于对低成本利润率农户的影响，表明市场参与提高了经济效益，高成本利润率农户受益更大；信贷可得性对成本利润率有显著正向影响，且随着成本利润率的提高，这种影响呈先下降后上升的趋势，表明信贷可得性对两端的影响大于对中间部分农户的影响。

（4）个体特征对成本利润率的影响

农户个体特征变量中，户主水稻种植经验对成本利润率有一定影响，但这种影响存在明显差异：对低成本利润率农户而言，种植经验对成本利润率有一定负向影响；对高成本利润率农户而言，种植经验对成本利润率有显著正向影响。

表6.5 土地规模对农户成本利润率的影响

变量	OLS	QR_10	QR_50	QR_90
稻田面积	−0.0003 （0.0003）	−0.0004 （0.0003）	−0.0011** （0.0005）	−0.0010 （0.0013）
面积的平方	0.0000 （0.0000）	0.0000 （0.0000）	0.0000* （0.0000）	0.0000 （0.0000）
稻田块数	−0.0002 （0.0005）	0.0002 （0.0003）	0.0009 （0.0007）	0.0002 （0.0015）
复种指数	−0.1881*** （0.0208）	−0.0918*** （0.0272）	−0.1684*** （0.0289）	−0.2947*** （0.0456）
稻田质量	−0.0010*** （0.0001）	−0.0002 （0.0001）	−0.0008*** （0.0001）	−0.0017*** （0.0002）
市场化程度	0.2069*** （0.0277）	0.1862*** （0.0381）	0.1819*** （0.0365）	0.2875*** （0.0658）
信贷可得性	0.1569*** （0.0321）	0.1184*** （0.0332）	0.0777* （0.0458）	0.2086** （0.0854）
户主性别	0.0443 （0.0320）	−0.0085 （0.0307）	0.0291 （0.0386）	0.1143 （0.1182）
户主年龄	−0.0001 （0.0016）	0.0027** （0.0013）	0.0002 （0.0016）	−0.0026 （0.0044）
户主受教育年限	0.0026 （0.0033）	0.0007 （0.0037）	0.0033 （0.0042）	0.0065 （0.0089）
户主水稻种植 年限	0.0025* （0.0013）	−0.0003 （0.0013）	0.0013 （0.0010）	0.0047* （0.0028）
家庭劳动力人数	−0.0102 （0.0070）	−0.0145** （0.0068）	0.0085 （0.0123）	0.0008 （0.0173）
家庭人均纯收入	0.0033 （0.0069）	−0.0038 （0.0075）	0.0075 （0.0067）	0.0024 （0.0133）
村变量	0.0000*** （0.0000）	0.0000*** （0.0000）	0.0000*** （0.0000）	0.0000*** （0.0000）
年份变量	−0.0724*** （0.0110）	−0.0410*** （0.0133）	−0.0766*** （0.0150）	−0.0688*** （0.0234）
常数项	0.1801* （0.0943）	−0.3626*** （0.1082）	0.1661 （0.1048）	0.5499** （0.2584）
R^2	0.1953	0.0950	0.0939	0.1704

注：1.***，**，*分别表示在1%，5%和10%的水平上显著；

2.括号内为标准误差。

6.3 基于生产函数的技术效率测算与分析

6.3.1 农户投入产出基本情况

在构建生产函数模型前，本研究对农户投入产出情况进行简要分析，统计结果如表 6.6 所示。统计结果显示，农户亩均水稻产量为 505.65 千克，亩均产值为 1359.81 元，亩均总成本为 1165.63 元，亩均净利润为 194.18 元。亩均净利润最小值为负，主要原因在于水稻生产面临可能的风险损失以及考虑了自有要素投入成本，如自有耕地和家庭用工。

土地、劳动、资本是基本的要素投入。本研究以水稻播种面积表示土地要素投入，以劳动用工数量表示劳动投入，以物质服务费表示资本投入。其中，物质服务费主要包括种子、化肥、农药、畜力、灌溉、机械和其他费用，考虑到近年来农业机械化的快速发展以及机械化对粮食生产的重要作用（曹卫华和杨敏丽，2015；王福林等，2010），在物质服务费用中单列出机械服务费，以反映机械化对粮食生产的影响。于是，本研究的要素投入包括 4 类，即土地、劳动、机械和资本。

表 6.6 水稻种植农户投入产出基本情况

变量	均值	标准差	最小值	最大值
种子成本 / 元	56.12	27.60	13.85	218.45
化肥成本 / 元	126.04	57.78	10.91	480.00
农药成本 / 元	45.63	34.36	0.00	180.00
畜力成本 / 元	2.67	14.10	0.00	160.00
灌溉成本 / 元	10.59	14.93	0.00	80.00
机械服务费 / 元	184.88	89.36	0.00	600.00
雇工量 / 工日	0.45	0.83	0.00	5.67
自用工 / 工日	6.00	3.16	0.09	18.00
人工成本 / 元	489.91	205.86	24.32	1346.03
土地成本 / 元	232.92	99.26	46.88	630.11
其他成本 / 元	16.87	35.63	0.00	270.00
总成本 / 元	1165.63	254.57	320.59	2192.50
总产量 / 千克每亩	505.65	109.45	125.00	975.00

续表

变量	均值	标准差	最小值	最大值
总产值 / 元	1359.81	319.13	304.96	2544.68
净利润 / 元	194.18	361.83	−946.21	1491.18

注：1. 机械服务费包括自有农机折旧和农机服务购买费用；

2. 人工成本包括家庭用工折价和雇工成本；

3. 土地成本包括自营地折租和流转地租金。具体计算方法参考《农产品成本调查方案》。

6.3.2 随机前沿生产函数模型的构建

随机前沿分析方法（SFA）是一种常用的效率测算方法，该方法最早由 Aigner 等（1977）、Meeusen 和 van den Broeck（1977）提出，后经 Battese（1992）、Greene（2005）等人的不断发展，已经较为成熟。随机前沿分析方法在农业、工业、教育、金融等领域有广泛的应用（陶长琪和王志平，2011）。随机前沿生产函数模型的一般形式为

$$y_{it} = f(x_{it}; \beta) \exp(v_{it} - \mu_{it}) \qquad (6.3)$$

式中：$i=1, 2, \cdots, N$；$t=1, 2, \cdots, T$；x_{it} 为投入向量；y_{it} 为产出变量；β 为待估参数。随机干扰项 $\varepsilon_{it} = v_{it} - \mu_{it}$ 由两部分组成，v_{it} 为一般随机误差项，有 $v_{it} \sim i.i.d\ N(0, \sigma_v^2)$，$\mu_{it}$ 为技术无效率项，μ_{it} 与 v_{it} 相互独立，即 $\text{Cov}(\mu_{it}, v_{it}) = 0$。

通过设定 μ_{it} 的分布可以进一步分析技术无效率的影响因素。假定 μ_{it} 服从非负截尾正态分布（Battese & Coelli，1995），即 $\mu_{it} \sim i.i.d\ N^+(\omega_{it}, \sigma_\mu^2)$。分布式中，均值 ω_{it} 反映了实际产出对前沿产出的偏离，方差 σ_μ^2 反映了偏离程度的不确定性。根据 Wang（2002）对随机前沿生产函数的分析，ω_{it} 可以表示为影响效率的外生变量 Z_{it} 的函数，技术无效率函数形式为

$$\omega_{it} = g(Z_{it}\delta) \qquad (6.4)$$

在实际应用中，随机前沿生产函数模型需要设定具体的函数形式，常用的有 C-D 生产函数、CES 生产函数和超越对数生产函数，后者具有易估计和包容性强的特点，是对其他生产函数的二阶泰勒近似，并且对要素替代弹性不施加任何限制条件，模型更具一般性。因而，实证分析中选择超越对数生产函数形式来构建随机前沿生产函数模型，模型形式为

$$\ln y_{it} = \beta_0 + \sum_{j=1}^{4} \beta_j \ln x_{jit} + \frac{1}{2}\sum_{j=1}^{4}\sum_{k=1}^{4}\beta_{jk}\ln x_{jit}\ln x_{kit} + \theta_1 t + \frac{1}{2}\theta_2 t^2 + v_{it} - \mu_{it} \qquad (6.5)$$

式中：y 为农户水稻总产量（千克）；x_1、x_2、x_3 和 x_4 分别为农户水稻播种面积（亩）、劳动用工量（工日）、机械服务费（元）和资本投入（元）。模型中包含时间变量 t，用以反映技术随时间的变化趋势。

把技术无效率模型设定为

$$\omega_{it} = \alpha + S\delta + Z\varphi + \xi \tag{6.6}$$

式中：解释变量选择与式（6.1）相同；S 为农户土地规模变量；Z 为耕地特征、市场完善程度和农户个体特征变量；α、δ、φ 为待估参数；ξ 为随机扰动项。

对于随机前沿生产函数模型，采用两步法分别估计前沿函数和技术无效率函数可能会导致估计结果的偏误（Kumbhakar & Lovell，2003），因此本研究采用极大似然估计法（MLE）进行一步法估计。由模型（6.5）和（6.6）的估计结果可以进一步计算得到技术效率、技术变化率、要素产出弹性和规模报酬系数。

技术效率 TE 的计算公式为

$$\text{TE}=E\left[\exp\left(-\mu\,|\,\varepsilon\right)\right] \tag{6.7}$$

技术变化率 TC 的计算公式为

$$\text{TC}=\frac{\partial \ln y}{\partial t}=\theta_1+\theta_2 t \tag{6.8}$$

要素产出弹性 ε 的计算公式为

$$\varepsilon_j=\frac{\partial \ln y}{\partial xj}=\beta_j+\sum_k \beta_{jk}\ln x_k \tag{6.9}$$

规模报酬系数 RTS 的计算式为

$$\text{RTS}=\sum_j \varepsilon_j=\sum_j\left(\beta_j+\sum_k \beta_{jk}\ln x_k\right) \tag{6.10}$$

6.3.3　随机前沿生产函数模型估计与检验

随机前沿生产函数模型的估计结果如表 6.7 所示。整体来看，模型拟合效果较好，Wald 卡方值为 103027.47，对数似然值为 152.49。

（1）技术无效率设定的检验

参考 Coelli（1995）等的研究，本研究对技术无效率项的设定（H_0：$\sigma_\mu=0$）进行似然比检验。检验结果显示似然比卡方值为 296.34，在 1% 的水平上显著，表明随机前沿生产函数模型拟合效果更好，实际产出对前沿产出存在明显偏离。

（2）函数形式选择的检验

参考 Rahman 和 Rahman（2009）等的研究，对 C-D 生产函数与超越对数生产函数形式的选择（$H_0:\beta_{jk}=0$，$\forall j$，k）进行似然比检验，卡方值为 306.68，在 1% 的水平上显著，表明超越对数生产函数模型优于 C-D 生产函数模型；对 CES 生产函数与超越对数生产函数形式的选择（$H_0:\beta_{jj}=\beta_{kk}=-0.5\beta_{jk}$，$\forall j$，$k$）进行似然比检验，卡方值为 251.78，在 1% 的水平上显著，表明超越对数生产函数模型优于 CES 生产函数模型。

表 6.7　随机前沿生产函数模型估计结果

前沿生产函数		技术无效率函数	
ln（播种面积）	0.6967*** （0.1548）	稻田面积	0.0001 （0.0001）
ln（劳动用工）	0.4833*** （0.1047）	面积的平方	−0.0000*** （0.0000）
ln（机械费用）	0.1476*** （0.0254）	稻田块数	0.0006*** （0.0001）
ln（资本投入）	−0.1108 （0.1610）	复种指数	−0.0903*** （0.0085）
$\ln^2$（播种面积）	0.0510 （0.0319）	稻田质量	−0.0002*** （0.0000）
$\ln^2$（劳动用工）	0.1435*** （0.0247）	市场化程度	−0.1169*** （0.0113）
$\ln^2$（机械费用）	0.0293*** （0.0022）	信贷可得性	−0.0731*** （0.0114）
$\ln^2$（资本投入）	0.1421*** （0.0334）	户主性别	−0.0140 （0.0125）
ln（播种面积）×ln（劳动用工）	−0.0461** （0.0204）	户主年龄	−0.0000 （0.0006）
ln（播种面积）×ln（机械费用）	0.0080 （0.0054）	户主受教育年限	−0.0011 （0.0013）
ln（播种面积）×ln（资本投入）	−0.0123 （0.0276）	户主水稻种植年限	−0.0012** （0.0005）
ln（劳动用工）×ln（机械费用）	0.0113** （0.0052）	家庭劳动力人数	0.0004 （0.0028）
ln（劳动用工）×ln（资本投入）	−0.1175*** （0.0225）	家庭人均纯收入	−0.0054** （0.0022）

前沿生产函数		技术无效率函数	
ln（机械费用）×ln（资本投入）	−0.0397***（0.0048）	中部地区	0.0159**（0.0065）
年份	0.0463***（0.0167）	西部地区	0.0261***（0.0091）
年份的平方	−0.0226***（0.0079）	常数项	0.4897***（0.0366）
常数项	4.7405***（0.4251）		
λ	5.4509		
$\sigma\mu$	2.1533		
σv	0.3950		

注：1.***，**，* 分别表示在 1%，5% 和 10% 的水平上显著；

2. 括号内为标准误差。

6.3.4　技术效率测算与技术变化率

（1）技术效率测算

由式（6.7）计算得到技术效率，技术效率的分布特征如图 6.3 所示。水稻种植农户平均技术效率为 0.85，最小值与最大值分别为 0.11 和 0.97，与最大产出相比仍存在 15% 的效率损失，即通过改变外部生产环境提高资源配置效率和利用效率，可以使产量提高 15%。

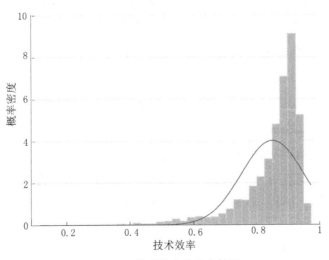

图 6.3　技术效率的分布特征

（2）技术变化率

前沿生产函数模型中，年份变量反映技术变化情况，由式（6.8）计算得到平均技术进步率为 0.0237，表明水稻生产呈中等程度的技术进步，由技术进步大致可以使水稻产量增加 2.37%。

6.3.5　技术效率的影响因素分析

技术无效率函数中：若估计系数为负，表明该变量对降低技术无效率、提高技术效率有正向作用；若估计系数为正，则表明该变量会提高技术无效率，降低技术效率。技术无效率函数的估计结果如表 6.7 所示。

（1）土地规模对技术效率的影响

土地规模对技术无效率一次项估计系数为正但并不显著，二次项估计系数为负，但系数值较小，为 -2.1×10^{-7}。总体来看，土地规模与技术效率大致呈 U 形关系，但这种关系并不明显，土地规模对技术效率并没有显著影响。

（2）耕地特征对技术效率的影响

在影响技术效率的耕地特征变量中，土地细碎化对技术效率有显著负向影响，这与张海鑫和杨钢桥（2012）等的研究结果相同，土地细碎化造成了技术效率的损失；复种指数对技术效率有显著正向影响，表明提高复种指数有利于促进资源的充分利用，减少产出损失；耕地质量对技术效率也有显著正向影响，这与经验相符，质量好的稻田产出能力也较强。

（3）市场完善程度对技术效率的影响

市场化程度对技术效率有显著正向影响，农户市场参与程度越高，技术效率相应也越高；信贷可得性对技术效率有显著正向影响，完善的信贷市场有利于技术效率的提高。

（4）个体特征对技术效率的影响

农户特征变量中，户主水稻种植经验和家庭人均纯收入对技术效率有显著正向影响，而户主性别、年龄、教育和家庭劳动力人数对技术效率的影响并不显著。

（5）技术效率的地区差异

技术无效率函数中，中西部地区虚拟变量回归系数为正且显著，表明东部地区技术效率高于中西部地区。

6.3.6　要素产出弹性与规模报酬效应

结合式（6.9）和式（6.10），由前沿生产函数模型估计结果可以计算得到要素的产出弹性和规模报酬系数，计算结果如表 6.8 所示。统计结果显示，土地、劳动、机械和资本的产出弹性分别为 0.58、0.13、0.11 和 0.21。土地要素的产出弹性最大，与其他要素相比，土地仍然是重要的生产要素，提高粮食产量的有效途径是增加粮食播种面积。劳动、机械和资本产出弹性最小值为负，表明对部分农户而言存在投入冗余，劳动、机械和资本的边际产品为零或负值。

由要素产出弹性加总得到规模报酬系数，RTS=1.03>1，水稻生产存在一定程度的规模报酬递增现象，但对规模报酬不变（H_0：RTS=1）的检验并不拒绝原假设，表明规模报酬递增现象并不显著，在技术条件不变的情况下，通过改变规模（播种面积）提高生产能力（规模效率）的作用有限。图 6.4 进一步呈现了土地规模与规模报酬系数的关系。从图 6.4 中可以看出，规模报酬系数与土地规模呈负相关关系，随着土地规模的扩大，规模报酬系数逐渐变小。

表 6.8　要素产出弹性与规模报酬效应

项目	均值	标准差	最小值	最大值
土地产出弹性	0.58	0.03	0.47	0.70
劳动产出弹性	0.13	0.09	−0.20	0.41
机械产出弹性	0.11	0.05	−0.20	0.19
资本产出弹性	0.21	0.09	−0.06	0.65
规模报酬系数	1.03	0.04	0.82	1.14

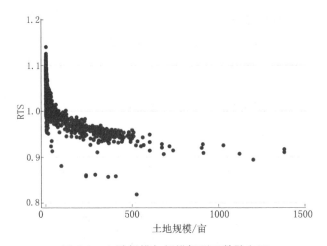

图 6.4　土地规模与规模报酬系数散点图

不同省份要素产出弹性和规模报酬效应存在一定差异（见表 6.9）。户均土地面积最大（256.89 亩）的黑龙江土地和机械产出弹性最大，劳动和资本产出弹性最小，规模报酬系数略小于 1；而户均土地面积最小（2.77 亩）的贵州土地和机械产出弹性最小，劳动产出弹性最大，规模报酬系数略大于 1。

表 6.9　分省要素产出弹性与规模报酬

样本省份	土地	劳动	机械	资本	规模报酬系数
福建	0.58	0.15	0.10	0.21	1.04
广东	0.56	0.19	0.12	0.19	1.05
广西	0.55	0.14	0.09	0.24	1.03
贵州	0.54	0.22	0.04	0.24	1.05
海南	0.57	0.15	0.11	0.22	1.06
黑龙江	0.62	0.03	0.14	0.17	0.96
湖北	0.59	0.12	0.11	0.21	1.04
湖南	0.58	0.13	0.12	0.20	1.03
江苏	0.59	0.13	0.11	0.22	1.05
江西	0.58	0.11	0.09	0.26	1.04
四川	0.58	0.17	0.10	0.20	1.05
浙江	0.61	0.06	0.12	0.23	1.02

6.4　基于成本函数的成本效率测算与分析

6.4.1　农户成本结构的基本情况

按照《全国农产品成本收益资料汇编》的分类，粮食生产成本主要包括土地成本、人工成本和物质服务费，其中，物质服务费分为机械费、种子费和化肥费等直接费用和固定资产折旧、管理费和财务费等间接费用。近年来，我国农产品生产成本不断上涨，并且随着工业化、城镇化进程的加快，劳动力、土地、农资等生产要素的价格还将不断抬高，推动农产品生产成本持续上涨（肖皓等，2014）。以水稻产业为例（见图 6.5），2010—2014 年亩均生产成本由 766.63 元上涨到 1176.55 元，年均上涨 11.30%，而亩均净利润却由 309.82 元下降到 204.83 元，年均下降 9.83%。从生产成本构成来看，土地成本、人工成本、机械作业费和化肥成本是主要的成本构成（占总成本的 84.84%），对成本上涨的贡献率分别为 15.77%、57.11%、16.02% 和 3.63%。

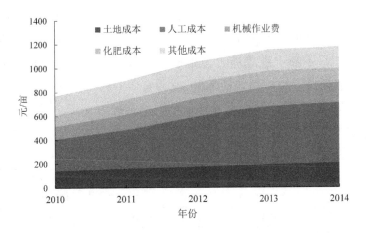

图 6.5　2010—2014 年我国水稻成本上涨趋势及结构情况

农产品生产成本的快速上涨对我国农业可持续发展带来了诸多不利影响:一是农产品生产成本的快速上涨降低了农业生产利润,且其增长幅度远大于农产品价格上升幅度,务农比较效益不断下降,极大降低了农户从事农业生产的积极性(方松海和王为农,2009);二是生产成本的快速上涨降低了农业补贴政策的实施效果(彭代彦等,2013),对多数农产品而言,农业补贴的增加并不能弥补农产品成本上涨所带来的利润损失;三是生产成本的快速上涨导致国际国内农产品价格严重背离,进一步弱化了我国农产品的国际竞争力(吴杨,2007),并严重威胁到我国的粮食安全。

面对农产品生产成本快速上涨,2016 年中央一号文件首次提出"推进农业供给侧结构性改革",并将降低农业生产成本作为加快农业供给侧结构性改革的重要内容(孔祥智,2016),提出通过发展适度规模经营、减少化肥农药不合理使用、开展社会化服务等途径,实现农业生产节本增效。水稻是我国重要的粮食作物之一,我国在供给侧结构性改革背景下深入研究水稻生产节本增效的路径与对策,对于保障国家粮食安全、提高农业供给体系的质量和效率具有重要意义。

参考我国水稻生产成本的主要构成,本研究在分析微观水稻种植农户生产成本结构时,选择土地成本、人工成本、机械服务费和化肥成本这 4 项成本,农户生产成本构成情况如表 6.10 所示。2013—2015 年,水稻种植农户生产成本呈不断上涨趋势,土地成本、人工成本、机械服务费和化肥成本是其主要构成,合计占总成本的 88.41%。

表 6.10　农户生产成本构成情况

项目	2013 年	2014 年	2015 年	平均	占比 /%
总成本 / 元每亩	1107.72	1146.89	1250.84	1169.28	100.00
土地成本 / 元每亩	214.26	227.91	257.03	232.92	19.92
人工成本 / 元每亩	476.90	472.67	521.57	489.91	41.90
机械成本 / 元每亩	174.60	186.98	192.14	184.88	15.81
化肥成本 / 元每亩	119.15	126.65	132.10	126.04	10.78
其他成本 / 元每亩	122.80	132.68	148.01	135.53	11.59

注:其他成本主要包括种子成本、农药成本、畜力成本和灌溉成本。

6.4.2　随机前沿成本函数模型的构建

生产函数仅仅反映投入产出的技术关系，没有反映生产者的经济行为，而与生产函数对偶的成本函数由于包含要素价格信息，可以较好地解决这一问题（Kumbhakar 和 Wang，2006）。随机前沿成本函数的一般形式为

$$C_{it} = f(P_{it}, Y_{it}; \beta) \exp(v_{it} + \mu_{it}) \tag{6.11}$$

式中：$i=1,2,\cdots,N$；$t=1,2,\cdots,T$；P_{it} 为投入要素价格变量；Y_{it} 为产出变量；C_{it} 为总成本；β 为待估参数。随机干扰项 ε_{it} 由两部分组成，$\varepsilon_{it} = v_{it} + \mu_{it}$，其中，$v_{it}$ 为一般随机误差项，且 $v_{it} \sim$ i.i.d $N(0, \sigma_v^2)$；μ_{it} 为成本无效率项，假定 $\mu_{it} \sim$ i.i.d $N^+(m_{it}, \sigma_\mu^2)$，分布式中，均值 m_{it} 反映实际成本对最小成本的偏离，方差 σ_μ^2 反映偏离的不确定性，m_{it} 可以表示为成本无效率影响因素 Z_{it} 的函数。μ_{it} 与 v_{it} 相互独立，即 $\mathrm{Cov}(\mu_{it}, v_{it})=0$。

具体应用中，成本函数也需要指定具体的函数形式，由于超越对数成本函数较好地刻画要素之间的替代互补关系及其变化特征（郝枫，2015），因而本研究构造基于投入导向的超越对数成本函数来进行弹性分析和效率分析。超越对数成本函数的具体形式为

$$\ln C_{it} = \beta_0 + \sum_{j=1}^{4} \beta_j \ln P_{jit} + \beta_y \ln Y_{it} + \frac{1}{2} \sum_{j=1}^{4} \sum_{k=1}^{4} \beta_{jk} \ln P_{jit} \ln P_{kit} +$$
$$\frac{1}{2} \beta_{yy}(\ln Y_{it})^2 + \beta_{jy} \sum_{j=1}^{4} \ln P_{jit} \ln Y_{it} + \theta_1 t + \frac{1}{2}\theta_2 t^2 + v_{it} + \mu_{it} \tag{6.12}$$

式中：C 为水稻生产总成本（元）；P_1、P_2、P_3 和 P_4 分别为土地价格（元/亩·年）、劳动力价格（元/工日）、机械服务价格（元/亩）和化肥价格（元/千克）。由于土地成本、人工成本、机械服务费和化肥成本这 4 项成本占总成本的 88.41%，因而其价格变动能较好地反映农户水稻生产成本的变动。此外，模型中包含时间变量 t，用以反映技术变化对成本的影响。

超越对数成本函数关于价格有对称性和线性齐次性特点，满足的约束条件为

$$\beta_{jk} = \beta_{kj}, \quad \forall j,k \tag{6.13}$$

$$\sum_j \beta_j = 1 \tag{6.14}$$

$$\sum_j \beta_{jk} = 0, \ \forall k \tag{6.15}$$

$$\sum_j \beta_{jy} = 0 \tag{6.16}$$

对称性约束（6.13）由杨氏定理保证，将齐次性约束（6.14）~（6.16）代入模型（6.12）得到齐次约束条件下的超越对数成本函数模型，模型表达式为

$$\ln(C_{it}/P_{4it}) = \beta_0 + \sum_{j=1}^{3} \beta_j \ln(P_{jit}/P_{4it}) + \beta_y \ln Y_{it} + \frac{1}{2} \sum_{j=1}^{3} \sum_{k=1}^{3} \beta_{jk} \ln(P_{jit}/P_{4it}) \ln(P_{kit}/P_{4it}) +$$
$$\frac{1}{2} \beta_{yy} (\ln Y_{it})^2 + \beta_{jy} \sum_{j=1}^{3} \ln(P_{jit}/P_{4it}) \ln Y_{it} + \theta_1 t + \frac{1}{2} \theta_2 t^2 + v_{it} + \mu_{it} \tag{6.17}$$

令 $c_{it} = C_{it}/P_{4it}$，$w_{jit} = P_{jit}/P_{4it}$，$y_{it} = Y_{it}$，有

$$\ln c_{it} = \beta_0 + \sum_{j=1}^{3} \beta_j \ln w_{jit} + \beta_y y_{it} + \frac{1}{2} \sum_{j=1}^{3} \sum_{k=1}^{3} \beta_{jk} \ln w_{jit} \ln w_{kit} + \frac{1}{2} \beta_{yy} \ln^2 y_{it} +$$
$$\beta_{jy} \sum_{j=1}^{3} \ln w_{jit} \ln y_{it} + \theta_1 t + \frac{1}{2} \theta_2 t^2 + v_{it} + \mu_{it} \tag{6.18}$$

将成本无效率模型设定为

$$m_{it} = \alpha + S\delta + Z\varphi + \xi \tag{6.19}$$

式中模型解释变量定义与式（6.6）相同。

对于模型（6.18）和（6.19）采用极大似然估计法（MLE）进行一步法估计。由模型估计结果可以计算得到成本效率、技术变化率和规模经济系数。

成本效率 CE 的计算公式为

$$CE = E(\exp(-\mu \mid \varepsilon)) \tag{6.20}$$

技术变化率 TC 的计算式为

$$TC = \frac{\partial \ln c}{\partial t} = \theta_1 + \theta_2 t \tag{6.21}$$

规模经济系数 SCE 的计算式为

$$SCE = \frac{1}{\frac{\partial \ln c}{\partial \ln y}} = \frac{1}{\sum_j (\beta_y + \beta_{yy} \ln y + \beta_{jy} \ln w_j)} \tag{6.22}$$

根据谢泼德引理（Shephard's lemma）[①]，参考 McFadden（1963）、陈书章等（2013）、郝枫（2015）和 Shepherd（2015）的研究，结合约束条件（6.13）~（6.15），可以由成本份额方程估计结果计算得到要素的需求价格弹性[②] 和影子替代弹性[③]。

成本份额方程为

$$S_j = \frac{\partial \ln c}{\partial \ln P_j} = \beta_j + \sum_k \beta_{jk} \ln P_k + \beta_{jy} \ln Y \qquad (6.23)$$

式中：S_j 为要素 j 的成本份额，即要素 j 的成本占总成本的比重。由于成本份额方程随机误差项存在相关性，本研究采用似不相关回归（SURE）进行估计。

要素需求偏价格弹性 E_{jk}、自价格弹性 E_{jj} 和影子替代弹性 SES_{jk} 的计算式分别为

$$E_{jk} = \beta_{jk} / S_j + S_k , \quad j \neq k \qquad (6.24)$$

$$E_{jj} = \beta_{jj} / S_j + S_j - 1 , \quad j = k \qquad (6.25)$$

$$\mathrm{SES}_{jk} = S_j\,(E_{jk} - E_{kk})\,/\,(S_j + S_k) + S_k\,(E_{kj} - E_{jj})\,/\,(S_j + S_k) \qquad (6.26)$$

6.4.3　随机前沿成本函数模型估计与检验

随机前沿成本函数模型估计结果如表 6.11 所示。整体来看，模型拟合效果较好，Wald 卡方值为 73067.72，对数似然值为 –836.73。

---

① 谢泼德引理表明，最小成本函数对要素价格的偏导数等于给定产出水平下使总成本最小的要素投入量，即 $\frac{\partial C\,(P,\ Y)}{\partial P} = x\,(P,\ Y)$。用谢泼德引理推导需求方程的方法称为对偶方法（dual approach），与使用约束条件下成本最小化方法 [即原始方法（primal approach）] 相比，对偶方法因容易估计且克服了内生性问题而应用更为广泛。

② 要素需求价格弹性反映了要素需求对价格变动的敏感性，即要素价格变动 1% 引起的需求变动，包括要素需求交叉价格弹性（cross-price elasticities，CPE）和要素需求自价格弹性（own-price elasticities，OPE）。本研究对要素价格弹性的分析主要基于要素需求自价格弹性。

③ 由要素需求价格弹性可以计算得到替代弹性，基于成本函数的替代弹性包括交叉价格弹性、阿伦替代弹性（Allen elasticity of substitution，AES）、森岛替代弹性（Morishima elasticity of substitution，MES）和影子替代弹性（shadow elasticity of substitution，SES）。与其他替代弹性相比，SES 更接近希克斯对替代弹性的原始定义，具有理论上的优势（郝枫，2015）。

（1）成本无效率设定的检验

对成本无效率项设定（$H_0 : \sigma_\mu = 0$）进行似然比检验，检验的卡方值为 270.14，在 1% 的水平上显著，表明随机前沿成本函数模型拟合效果更好，实际生产成本对前沿生产成本（最小成本）存在显著偏离。

（2）成本函数单调性检验

成本函数关于价格和产量具有单调性（非负性），即 $\dfrac{\partial \ln c}{\partial \ln P} \geq 0$，$\dfrac{\partial \ln c}{\partial \ln Y} \geq 0$，由模型估计结果和约束条件，计算得到成本对土地、劳动、机械、化肥和产量的弹性系数分别为 0.26、0.55、0.08、0.11 和 0.89，值均大于 0，满足单调性要求。

表 6.11　随机前沿成本函数模型估计结果

前沿成本函数		成本无效率函数	
$\ln w_1$	−0.0180 （0.1835）	稻田面积	0.0004*** （0.0001）
$\ln w_2$	−0.0201 （0.2570）	面积的平方	−0.0000*** （0.0000）
$\ln w_3$	−0.3430*** （0.1215）	稻田块数	0.0007*** （0.0001）
$\ln y$	0.3774*** （0.0513）	复种指数	−0.1680*** （0.0092）
$\ln^2 w_1$	0.0797 （0.0779）	稻田质量	−0.0020*** （0.0000）
$\ln^2 w_2$	0.8829*** （0.1368）	市场化程度	−0.0303** （0.0127）
$\ln^2 w_3$	0.2073*** （0.0346）	信贷可得性	−0.0488** （0.0198）
$\ln^2 y$	0.0516*** （0.0048）	户主性别	−0.0059 （0.0136）
$\ln w_1 \times \ln w_2$	−0.2072** （0.0875）	户主年龄	0.0004 （0.0007）
$\ln w_1 \times \ln w_3$	0.0663* （0.0392）	户主受教育年限	0.0004 （0.0014）
$\ln w_2 \times \ln w_3$	−0.2441*** （0.0531）	户主水稻种植年限	−0.0022*** （0.0005）
$\ln y \times \ln w_1$	0.0494*** （0.0139）	家庭劳动力人数	−0.0011 （0.0031）
$\ln y \times \ln w_2$	−0.0738*** （0.0203）	家庭人均纯收入	−0.0014 （0.0024）

续表

前沿成本函数		成本无效率函数	
$\ln y \times \ln w_3$	0.0378*** （0.0099）	中部地区	0.0170* （0.0093）
年份	−0.1332*** （0.0257）	西部地区	0.0685*** （0.0101）
年份的平方	0.1005*** （0.0245）	常数项	1.0391*** （0.0404）
常数项	1.0569*** （0.4042）		
λ	3.0590		
$\sigma\mu$	1.2500		
σv	0.4086		

注：1.***，**，* 分别表示在 1%，5% 和 10% 的水平上显著；

2. 括号内为标准误差。

6.4.4　成本效率测算与技术变化率

（1）成本效率测算

由公式（6.20）计算得到成本效率，成本效率的分布特征如图 6.6 所示。水稻种植农户平均成本效率为 0.76，最小值和最大值分别为 0.19 和 0.97，与最小成本相比仍存在 24% 的效率损失，即通过改变外部生产环境，可以节约 24% 的生产成本。

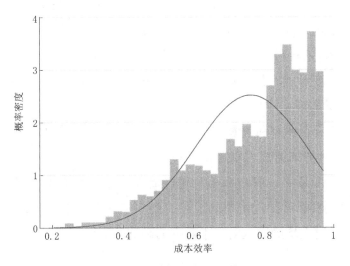

图 6.6　成本效率的分布特征

（2）技术变化率

前沿成本函数模型中，年份变量反映了技术变化情况，由公式（6.21）计算得到平均技术变化率为 –0.0324，其值为负表明由技术进步大致可以使水稻生产成本节约 3.24%。

6.4.5 成本效率的影响因素分析

成本无效率函数中：若估计系数为负，表明该变量对降低成本无效率、提高成本效率有正向作用；若估计系数为正，则表明该变量会提高成本无效率，降低成本效率。成本无效率函数估计结果如表 6.11 所示。

（1）土地规模对成本效率的影响

土地规模对成本无效率一次项估计系数显著为正，二次项估计系数显著为负，为 -5.07×10^{-7}。总体来看，土地规模与成本效率呈 U 形关系；在临界规模两侧（405 亩），土地规模与成本效率呈相反关系；在临界规模的左侧，土地规模与成本效率呈负向关系；而在临界规模的右侧，土地规模与成本效率呈正向关系。

（2）耕地特征对成本效率的影响

耕地特征变量中，土地细碎化对成本效率有显著负向影响，表明土地细碎化、分散化经营不利于成本的节约；复种指数对成本效率有显著正向影响，表明提高复种指数可以促进资源的充分利用，实现成本的节约；耕地质量对成本效率有显著正向影响，质量较好的稻田成本损失也较小。

（3）市场完善程度对成本效率的影响

市场化程度对成本效率有显著正向影响，表明农户市场化参与程度越高，越有利于实现成本的节约；信贷可得性对成本效率有显著正向影响，表明完善的信贷市场有利于农户优化资源配置，节约生产成本。

（4）个体特征对成本效率的影响

个体特征变量中，农户水稻种植经验对成本效率具有显著正向影响，相对丰富的经验能够促进成本的节约，而户主性别、年龄、教育、家庭劳动力人数和家庭人均纯收入对成本效率的影响并不显著。

（5）成本效率的地区差异

成本无效率函数中，中西部地区虚拟变量回归系数为正且显著，表明东部地区的成本效率高于中西部地区的成本效率。

6.4.6 要素需求价格弹性、影子替代弹性与规模经济效应

要素需求价格弹性和影子替代弹性根据公式（6.23）~（6.26）计算得到，规模经济系数由公式（6.21）计算得到。成本份额方程似不相关估计结果如表6.12所示。由参数 β_{jk} 估计值得到要素需求价格弹性，统计结果表明（见表6.13），土地、劳动、机械和化肥的需求价格弹性分别为 -0.78、-0.55、-0.83 和 -0.89，需求价格弹性均小于0，表明价格上涨1%，土地、劳动、机械和化肥的需求将分别下降0.78%、0.55%、0.83%和0.89%。从弹性系数的绝对值来看，土地、劳动、机械和化肥的需求价格弹性均小于1，要素需求价格缺乏弹性，农户并不会因为要素价格上涨而显著减少相应要素的使用，要素价格上涨导致的生产成本上涨具有刚性。在这4种要素中，劳动的需求价格弹性绝对值最小，表明农户劳动投入对劳动力价格上涨最不敏感，而当前我国水稻生产劳动力成本占总成本的比重最大，在劳动力价格不断上涨的背景下，劳动力成本上涨将成为推动生产成本上涨的主要因素。

表6.12 成本份额方程估计结果

项目	土地份额	劳动份额	机械份额	化肥份额
ln（土地价格）	0.1558*** （0.0023）	-0.1105*** （0.0059）	-0.0127*** （0.0029）	-0.0099*** （0.0027）
ln（劳动力价格）	-0.0567*** （0.0035）	0.1940*** （0.0091）	-0.0680*** （0.0045）	-0.0408*** （0.0042）
ln（机械服务价格）	-0.0150*** （0.0016）	-0.0644*** （0.0040）	0.1008*** （0.0020）	-0.0117*** （0.0019）
ln（化肥价格）	0.0017 （0.0025）	-0.0162** （0.0065）	0.0005 （0.0032）	0.0281*** （0.0030）
ln（产量）	0.0117*** （0.0006）	-0.0271*** （0.0014）	0.0117*** （0.0007）	-0.0011 （0.0007）
常数项	-0.4061*** （0.0149）	0.6323*** （0.0383）	0.0073 （0.0190）	0.3695*** （0.0178）

续表

项目	土地份额	劳动份额	机械份额	化肥份额
R^2	0.7504	0.6827	0.7107	0.6267

注：1.***，** 分别表示在 1% 和 5% 的水平上显著；

2. 括号内为标准误差。

规模经济系数统计结果表明（见表 6.13），水稻种植农户规模经济系数 SCE=1.14>1，总体而言，水稻生产存在规模经济现象，水稻生产成本增加比例小于产出增加比例，长期平均成本随着产量的增加而减少。规模经济系数最小值为 0.85，最大值为 1.56，表明规模经济与规模不经济同时存在，一部分农户的生产存在规模经济现象，而另一部分农户的生产存在规模不经济现象。图 6.7 进一步呈现了土地规模与规模经济系数的关系。从图 6.7 可以看出，随着土地规模的扩大，规模经济系数逐渐变小且小于 1，水稻生产由规模经济逐渐变为规模不经济。

表 6.13　要素需求价格弹性与规模经济效应

项目	均值	标准差	最小值	最大值
土地需求价格弹性	−0.78	0.08	−0.95	−0.30
劳动需求价格弹性	−0.55	0.14	−0.92	−0.12
机械需求价格弹性	−0.83	0.08	−1.00	−0.49
化肥需求价格弹性	−0.89	0.05	−0.99	−0.67
规模经济系数	1.14	0.10	0.85	1.56

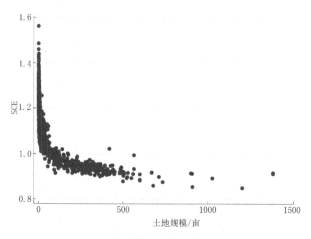

图 6.7　土地规模与规模经济系数散点图

不同省份要素需求价格弹性和规模经济系数存在一定差异（见表6.14）。从表6.14可以看出，黑龙江土地需求价格弹性的绝对值最小，表明黑龙江水稻生产过程中土地需求对土地价格变动最不敏感，土地价格上涨对黑龙江水稻生产成本的影响最大。类似的，贵州劳动需求价格弹性绝对值最小，劳动力价格上涨对贵州水稻生产成本的影响最大；海南机械需求价格弹性绝对值最小，机械服务价格上涨对海南水稻生产成本的影响最大；广西化肥需求价格弹性绝对值最小，化肥价格上涨对广西生产成本的影响最大。规模经济系数最大的省份为贵州，SCE=1.24>1，规模经济系数最小的省份为黑龙江，SCE=0.95<1，黑龙江水稻生产存在一定程度的规模不经济现象。

表6.14 分省要素需求价格弹性与规模经济效应

样本省份	土地需求价格弹性	劳动需求价格弹性	机械需求价格弹性	化肥需求价格弹性	规模经济系数
福建	−0.78	−0.51	−0.86	−0.89	1.15
广东	−0.80	−0.52	−0.82	−0.88	1.18
广西	−0.83	−0.55	−0.84	−0.86	1.16
贵州	−0.86	−0.32	−0.92	−0.91	1.24
海南	−0.86	−0.57	−0.77	−0.86	1.23
黑龙江	−0.64	−0.66	−0.82	−0.92	0.95
湖北	−0.78	−0.51	−0.85	−0.90	1.14
湖南	−0.78	−0.58	−0.81	−0.90	1.12
江苏	−0.76	−0.60	−0.83	−0.87	1.14
江西	−0.81	−0.61	−0.80	−0.87	1.14
四川	−0.79	−0.53	−0.84	−0.89	1.16
浙江	−0.69	−0.66	−0.81	−0.89	1.10

要素影子替代弹性统计结果如表6.15所示。影子替代弹性反映了在产出和其他要素价格不变的情况下，由要素相对价格（P_j / P_k）变化引起的要素相对需求（x_k / x_j）变化，影子替代弹性具有对称性，即 $SES_{jk} = SES_{kj}$。由统计结果可知，各要素影子替代弹性均大于0，表明各要素之间存在替代关系，以劳动/机械影子替代弹性为例，在机械价格和产出不变的情况下，劳动价格上涨1%，机械的使用将增长0.74%。然而，各要素影子替代弹性小于1，要素之间的替代性并不强，这与李志俊（2014）、吴丽丽等（2016）

的研究结果类似。可能原因在于，近年来我国土地、劳动、机械和化肥等农业生产资料价格同步上涨，要素相对价格变化并不明显。

表 6.15　要素影子替代弹性

项目	均值	标准差	最小值	最大值
土地 / 劳动	0.70	0.05	0.36	0.80
土地 / 机械	0.91	0.02	0.75	0.95
土地 / 化肥	0.97	0.01	0.92	0.98
劳动 / 机械	0.74	0.05	0.34	0.83
劳动 / 化肥	0.87	0.03	0.68	0.93
机械 / 化肥	0.95	0.01	0.72	0.97

6.5　本章小结

本章基于收入最大化和产量最大化目标，选取土地生产率、劳动生产率、成本利润率、技术效率和成本效率 5 个生产效率指标，综合采用 OLS 回归、分位数回归、似不相关估计、随机前沿生产函数模型和随机前沿成本函数模型等方法，实证研究了土地规模与土地生产率、劳动生产率、成本利润率、技术效率和成本效率之间的关系，分析了耕地特征（土地细碎化、复种指数和耕地质量）、市场完善程度（市场化程度和信贷可得性）和农户个体特征（户主性别、年龄、教育、经验、家庭劳动力人数和家庭人均纯收入）对生产效率的影响，通过生产函数模型和成本函数模型测算了技术进步率、要素投入的产出弹性、需求的价格弹性和影子替代弹性，以及规模报酬效应和规模经济效应。

（1）主要结论

①土地规模与生产效率的关系及其显著性因选取生产效率指标的不同而存在明显差异（见表 6.16）。在考虑土地规模与生产效率非线性关系时，土地生产率、成本效率与土地规模呈显著 U 形关系，而劳动生产率与土地规模呈显著倒 U 形关系，成本利润率和技术效率与土地规模的关系并不显著。从临界规模求解值可以得出，500~700 亩为土地生产率、劳动生产率和成本效率均最优时的区间解，即可以看作适度规模。

表 6.16　土地规模与生产效率关系及其显著性

项目	平均值 / 千克	与土地规模关系	显著性	临界规模 / 亩
土地生产率	505.65	U 形	是	499
劳动生产率	102.28	倒 U 形	是	740
成本利润率	0.23	U 形	否	----
技术效率	0.85	U 形	否	----
成本效率	0.76	U 形	是	405

　　②耕地特征、市场完善程度和农户个体特征对生产效率的影响方向和影响大小既有共性又有差异（见表 6.17）。总体而言，市场化程度、信贷可得性是正向影响生产效率的共同因素，土地细碎化是负向影响生产效率的共同因素，复种指数对土地生产率和成本利润率有显著负向影响，而对技术效率和成本效率有显著正向影响。

表 6.17　生产效率显著性影响因素分类

项目	正向影响因素	负向影响因素
土地生产率	市场化程度、信贷可得性、家庭人均纯收入	土地细碎化、复种指数
劳动生产率	耕地质量、市场化程度、户主受教育年限	土地细碎化、家庭劳动力人数
成本利润率	市场化程度、信贷可得性	复种指数、耕地质量
技术效率	复种指数、耕地质量、市场化程度、信贷可得性、户主水稻种植经验、家庭人均纯收入	土地细碎化
成本效率	复种指数、耕地质量、市场化程度、信贷可得性、户主水稻种植年限	土地细碎化

　　③考虑非单调的中性技术变化，在随机前沿生产函数模型与成本函数模型中包含二次项的时间变量，估计结果表明，水稻生产呈中等程度的技术进步，由技术进步可以促进水稻产量增加 2.37%，而由技术进步可以使水稻生产成本节约 3.24%。

　　④随机前沿生产函数模型估计结果显示，土地、劳动、机械和资本的产出弹性分别为 0.58、0.13、0.11 和 0.21，由产出弹性计算得到规模报酬系数为 1.03，水稻生产存在一定程度的规模报酬递增现象但并不显著。规模

报酬系数与土地规模呈负相关关系，随着土地规模的扩大，规模报酬系数逐渐变小且小于1，规模报酬随土地规模的扩大而递减。

⑤随机前沿成本函数模型估计结果显示，土地、劳动、机械和化肥的需求价格弹性分别为 −0.78、−0.55、−0.83 和 −0.89，要素需求价格缺乏弹性。影子替代弹性大于0且小于1，要素之间存在替代关系，但替代性并不强。规模经济系数为1.14，水稻生产存在规模经济现象。规模经济系数与土地规模呈负相关关系，随着土地规模的扩大，规模经济系数逐渐变小且小于1，水稻生产由规模经济逐渐变为规模不经济。

（2）启示与思考

①不同生产效率指标具有不同的政策含义，提高土地生产率、技术效率的目标在于保障粮食安全，提高劳动生产率、成本利润率和成本效率的目标在于促进农民增收。由于不同生产效率指标与土地规模的关系并不相同，因而适度规模并不具有唯一解，而是以区间的形式存在。在政策实践中，推进粮食生产适度规模经营的增产效应与增收效应需要多目标权衡。

②市场完善程度和土地细碎化是影响生产效率的共性因素，提高农户市场参与程度、进一步完善信贷市场，以及通过土地流转和土地整理减少土地细碎化是提高生产效率的有效途径；复种指数对生产效率的影响存在显著差异，尽管复种指数并没有显著提高单产水平和成本利润率，但从增加粮食总产量来看，提高复种指数仍然是保障粮食安全的重要举措。

③技术进步对粮食生产具有重要意义，不仅可以促进产量的提高，还可以促进成本的节约。由于技术进步并非本研究重点，为简化模型，本研究仅考虑了非单调的中性技术变化，即技术进步并不影响要素之间的替代互补关系，在后续研究中，对非中性技术进步（有偏向的技术进步，如土地节约型和劳动节约型等）的讨论仍有必要。

④在土地、劳动、机械和资本等生产要素中，土地产出弹性显著大于其他生产要素，增加粮食播种面积仍然是保障粮食安全有效的途径。水稻生产规模报酬递增现象并不明显，在技术条件不变的情况下，扩大土地规模并不能带来产量的显著增长，即规模经营的增产效应并不明显。

⑤土地、劳动、机械和化肥的需求价格弹性为负且绝对值小于1，要素

需求价格缺乏弹性，要素价格的上涨并不会显著减少要素的使用，由价格推动的成本上涨具有刚性。劳动力价格缺乏弹性，加上要素之间的替代性并不强，劳动力成本上涨将成为推动生产成本上涨的主要动力。水稻生产规模经济与规模不经济现象并存，相对而言，小规模农户规模经济更为明显，在推进土地适度规模经营过程中需要注重优化要素配置以提高成本效率。

第 7 章

主要结论与对策建议

无论从发达国家农业现代化进程还是我国农地制度改革的政策实践来看，在我国开展土地规模经营都有历史的必然性和现实的必要性。土地规模经营要遵循适度的逻辑，适度既是符合生产要素配比最优的规模，即要实现约束条件下成本最小或产量最大，又是符合我国国情的最优规模，即规模经营政策的变迁要与当前我国小农经济长期存在的国情相匹配。本章对上述理论探讨和实证研究进行了总结，提出了推进我国土地规模经营的发展对策建议。

7.1 主要结论

土地规模经营是农业现代化的必然趋势。本研究在对美国、法国和日本等典型农业发达国家土地规模经营现状和发展趋势进行归纳总结的基础上，以我国水稻产业为例，在农民阶层分化、农业生产性服务发展和农业供给侧结构改革的背景下，基于理性小农理论、最优化农户理论和规模经济理论，以及全国范围的大样本农户调查数据，综合采用规范分析和实证分析、定性分析与定量分析相结合的方法，分析了我国水稻种植农户土地规模经营的现状、经营决策行为差异及其诱因，然后基于粮食安全和农民收入增长两大目标，从收入和效率两个角度对农户土地规模经营的绩效做出评价，分析了不同规模农户的收入差异和效率差异。本研究主要得出以下几点结论。

（1）从美国、法国和日本等典型农业发达国家的农业现代化历程来看，土地规模经营是农业现代化的一般趋势。土地规模经营是农业现代化的必然，美国、法国、日本的农业现代化过程均伴随着土地的规模经营，不同国家的自然地理条件、社会经济条件不同，土地经营规模有所差异，但规模化趋势是一致的。土地流转和农业服务是实现土地规模经营的两条路径。不同国家土地流转的形式不同，美国、法国和日本分别采取土地自由买卖、土地租赁、土地整理和地块转换的形式，但美国、法国和日本在农业服务的规模经营方面的发展方向是一致的。土地的规模经营伴随着生产者数量的减少，美国、法国和日本均通过立法明晰土地权属关系，保护生产者的土地权利，维护土地经营退出者的权益。主体培育是土地规模经营的重要内容，美国、法国和日本在土地规模经营过程中，分别对农场、企业、合作社和法人化组织经营体制定了差异化政策，以此扶持规模经营主体的发展。

（2）小规模、细碎化、分散化经营是我国水稻种植农户土地规模经营的一般现状，不同农户的规模差异和规模决策行为差异较大。我国水稻种植农户的户均耕地面积为 40.49 亩，户均转入稻田面积为 28.62 亩，平均复种指数为 111.84%，农户土地经营规模、转入规模和复种指数均存在显著的地区差异。稻田转入户与非转入户的耕地特征差异明显，转入户的户均稻田面积和块均稻田面积分别为 130.65 亩和 8.34 亩，非转入户的分别为 8.84 亩和 1.41 亩，两者存在显著差异。对水稻种植农户土地规模经营决策行为差异影响因素分析表明，职业分化和收入分化弱化了农户土地规模经营行为，其边际效应分别为 –0.01 和 –0.25；而主体分化则强化了农户土地规模经营行为，边际效应为 0.37。技术服务、加工销售服务、机械服务、金融保险服务和农资供应服务等水稻生产性服务对农户土地规模经营行为有显著正向影响，影响的边际效应分别为 0.12、0.11、0.09、0.08 和 0.06。此外，户主性别、家庭劳动力人数和家庭人均纯收入对农户土地规模经营行为也有显著正向影响，而户主受教育年限和水稻种植经验对农户土地规模经营行为有显著负向影响。

（3）土地规模是影响水稻种植农户收入水平和收入差距的重要因素。水稻种植农户的家庭人均纯收入为1.43万元，土地规模的扩大显著提高了农户人均纯收入和农业收入水平，但是不利于非农收入水平的提高。人均耕地面积每增加1亩，农户人均纯收入将提高1.31%，农业收入将提高2.22%，而非农收入会降低3.35%。基尼系数、广义熵指数和阿特金森指数等收入不平等指标分析结果都表明，水稻种植农户人均纯收入、农业收入和非农收入存在较大差距。土地规模的差异会造成农户收入不平等，夏普里值分解结果显示，土地规模对农户人均纯收入、农业收入和非农收入不平等的贡献率分别为26.14%、30.86%和15.62%，而人力资本、农业制度与政策能够解释水稻种植农户人均纯收入、农业收入和非农收入不平等的贡献率分别为4.44%、5.45%和3.93%。在风险条件下，土地规模对风险收益具有显著负向影响，规模越大风险收益也越低，而风险管理行为对风险收益有显著正向影响，风险管理措施有利于实现水稻种植农户风险收益的最大化。中介效应分析表明，土地规模会通过改变农户风险管理行为对农户水稻种植收益产生正向影响。

（4）土地规模与生产效率的关系及其显著性因选取生产效率指标的不同而存在明显差异。考虑土地规模与生产效率非线性关系时，土地规模与土地生产率、成本效率呈显著U形关系，而与劳动生产率呈显著倒U形关系，与成本利润率和技术效率的关系并不显著，综合比较各种效率后得到最优区间解，即水稻种植农户的土地适度经营规模应为500~700亩。市场化程度、信贷可得性是正向影响生产效率的共同因素，土地细碎化是负向影响生产效率的共同因素，复种指数对土地生产率和成本利润率有显著负向影响，而对技术效率和成本效率有显著正向影响。规模报酬效应与规模经济效应分析表明，水稻生产存在一定程度的规模报酬递增现象但并不显著，规模报酬系数为1.03，但随着土地规模的扩大，规模报酬系数逐渐变小且小于1，规模报酬随土地规模的扩大而递减；水稻生产存在规模经济现象，规模经济系数为1.14，但随着土地规模的扩大，规模经济系数逐渐变小且小于1，水稻生产由规模经济逐渐变为规模不经济。水稻生产呈中等程度的技术进步，由技术进步可以促进水稻产量增加2.37%，而由技术进步可以使水稻生产成本节约 3.24%。

7.2　对策建议

根据主要结论，本研究提出几点推进我国土地规模经营的对策建议。

（1）推进土地规模经营在我国农业现代化过程中仍有必要，美国、法国和日本等发达国家土地规模经营的经验值得我国借鉴。面对我国土地规模经营人多地少，人均耕地资源匮乏，小生产者众多，细碎化、分散化经营的现实，需要结合地区自然地理条件、社会经济发展水平的差异，因地制宜开展适度规模经营。在土地规模经营道路的选择上，除完善土地流转政策、以土地流转实现土地的集中经营外，还需要大力发展农业生产服务，通过加快农业生产服务发展推进服务的规模经营。注重土地规模经营带来的生产者退出土地经营权或承包权可能带来的社会问题和经济问题，需要坚持和完善农村基本经营制度，明晰土地权属关系，切实保护好、维护好土地经营退出者的权益。小农经济与规模经营可以并存，但需要加大对新型农业经营主体的培育力度，进一步完善对专业大户、家庭农场、农民专业合作社、农业龙头企业等规模经营主体的扶持力度。

（2）推进土地的规模经营需要考虑地区土地规模经营的一般状况和不同农户规模经营决策行为差异。我国农业生产地域性特征差异明显，不同地区农户土地经营规模、转入规模及土地利用情况均存在明显差异，农民分化带来的群体异质性，导致不同性质的农户面临的约束条件和决策目标也不尽相同，更是增加了土地规模经营差异。适度规模经营政策的制定需要充分考虑农民分化的基本事实，提高政策的针对性和适用性。水稻生产性服务的发展强化了农户土地规模经营行为，从规模经营的角度来看有利于促进土地的规模经营。推进土地的规模经营，需要构建与土地经营规模相适应的农业生产性服务体系，不断拓宽农业生产性服务内容，提高农业生产性服务能力与水平。受教育程度越高、种植经验越丰富的农户土地规模经营的概率越低，高素质农户离农现象较为突出，因此实现农业现代化和农业可持续发展不仅需要注重专业人才的培养，更重要的是使农业人才能服务于农业。

（3）土地规模经营对农户收入具有增长效应和结构调整效应，通过规模经营提高农户农业收入的同时需要防范收入差距的拉大。扩大土地经营规模有利于提高农户农业收入水平，但规模经营会抑制农户非农就业行为，从而不利于非农收入的增长。从提高农民农业收入角度来看，适度规模经营仍有必要，但考虑到土地规模对农户收入不平等的影响，尤其是对农业收入不平等的影响，适度规模经营的开展还需防范农民内部收入差距的拉大。在推进土地流转过程中，需要重点关注小规模农户和转出户的非农就业，提供更多的非农就业机会，为其收入增长提供保障。人力资本和农业制度与政策也是影响农户收入水平的重要因素，教育水平、农业技术培训等人力资本积累有利于农户收入水平的提高，而农业补贴等产业发展政策在农户收入增长中也有一定积极作用，因而有必要加强农民培育，进一步完善农业补贴政策，提高补贴的力度和水平。粮食生产具有较高的风险，在推进适度规模经营的过程中，需要充分考虑农户风险管理行为随土地经营规模的变化情况，进而实现风险收益的最大化。

（4）土地规模对生产效率的影响因效率指标选择差异而有所不同，不同效率指标具有不同的政策含义，规模经营需要权衡收入目标和粮食安全目标。提高土地生产率、技术效率的目标在于保障粮食安全，提高劳动生产率、成本利润率和成本效率的目标在于促进农民增收，由于不同生产效率指标与土地规模关系并不相同，推进粮食生产适度规模经营的增产效应与增收效应需要多目标权衡。市场完善程度和土地细碎化是影响生产效率的共性因素，提高农户市场参与程度、进一步完善信贷市场以及通过土地流转和土地整理减少土地细碎化是提高生产效率的有效途径。从增加粮食总产量角度来看，提高复种指数、增加粮食播种面积仍然是保障粮食安全的有效途径。土地规模与规模报酬系数与规模经济系数负相关，规模的扩大会导致规模报酬递减和规模不经济，但其临界规模要大于当前规模，开展适度规模经营有其理论意义。技术进步对提高粮食生产效率具有重要意义，提高粮食单产水平、降低单位生产成本需要充分发挥技术进步的重要作用。

参考文献

蔡方柏，2010. 法国农业跨越式发展对我国农业发展的启示 [J]. 华中农业大学学报（社会科学版），30（1）：12-15.

曹卫华，杨敏丽，2015. 江苏稻麦两熟区机械化生产模式的效率分析 [J]. 农业工程学报，31（S1）：89-101.

陈春生，2007. 中国农户的演化逻辑与分类 [J]. 农业经济问题，28（11）：79-84，112.

陈丹，唐茂华，2008. 国外农地规模经营的基本经验及其借鉴 [J]. 国家行政学院学报，10（4）：106-109.

陈胜祥，2013. 分化视角下转型期农民土地情结变迁分析 [J]. 中国土地科学，27（6）：35-41.

陈书章，宋春晓，宋宁，等，2013. 中国小麦生产技术进步及要素需求与替代行为 [J]. 中国农村经济，29（9）：18-30.

陈锡文，韩俊，2002. 关于农业规模经营问题 [J]. 农村工作通讯，47（7）：9-10.

陈秧分，孙炜琳，薛桂霞，2015. 粮食适度经营规模的文献评述与理论思考 [J]. 中国土地科学，29（5）：8-15.

陈乙酉，付园元，2014. 农民收入影响因素与对策：一个文献综述 [J]. 改革，27（9）：67-72.

陈雨露，马勇，杨栋，2009. 农户类型变迁中的资本机制：假说与实证 [J]. 金融研究，52（4）：52-62.

程国强，朱满德，2012. 中国工业化中期阶段的农业补贴制度与政策选择 [J]. 管理世界，28（1）：9-20.

程杰，吴连翠，2015. 风险条件下农户对粮食补贴政策的预期及其行为反应：基于粮食主产区农户的调研 [J]. 农林经济管理学报，14（3）：211-217.

程名望，史清华，YANHONG J，2014. 农户收入水平、结构及其影响因素：基于全国农村固定观察点微观数据的实证分析 [J]. 数量经济技术经济研究，31（5）：3-19.

董欢，郭晓鸣，2014. 生产性服务与传统农业：改造抑或延续：基于四川省501份农户家庭问卷的实证分析 [J]. 经济学家，26（6）：84-90.

董雪娇，汤惠君，2015. 国内外农地规模经营述评 [J]. 中国农业资源与区划，36（3）：62-71.

杜润生，2003. 中国农村制度变迁 [M]. 成都：四川人民出版社.

方松海，王为农，2009. 成本快速上升背景下的农业补贴政策研究 [J]. 管理世界，25（9）：91-108.

冯先宁，2004. 论农地适度规模经营与制度创新 [J]. 经济体制改革，22（3）：48-50.

冯献，崔凯，2012. 日韩农地规模经营的发展及其对中国的启示 [J]. 亚太经济，29（6）：77-80.

高梦滔，姚洋，2006. 农户收入差距的微观基础：物质资本还是人力资本？[J]. 经济研究，41（12）：71-80.

高梦滔，张颖，2006. 小农户更有效率？：八省农村的经验证据 [J]. 统计研究，23（8）：21-26.

高强，孔祥智，2013. 日本农地制度改革背景、进程及手段的述评 [J]. 现代日本经济，32（2）：81-93.

高强，赵海，2015. 日本农业经营体系构建及对我国的启示 [J]. 现代日本经济，34（3）：61-70.

龚道广，2000. 农业社会化服务的一般理论及其对农户选择的应用分析 [J]. 中国农村观察，21（6）：25-34，78.

郭贯成，丁晨曦，2016. 土地细碎化对粮食生产规模报酬影响的量化研究：基于江苏省盐城市、徐州市的实证数据 [J]. 自然资源学报，31（2）：202-214.

郭剑雄，1996. 农地规模经营三大目标的背后 [J]. 经济理论与经济管理，16（4）：77-80.

郭熙保，2013. "三化"同步与家庭农场为主体的农业规模化经营 [J]. 社会科学研究，35（3）：14-19.

郭熙保，冯玲玲，2015. 家庭农场规模的决定因素分析：理论与实证 [J]. 中国农村经济，31（5）：82-95.

韩啸，张安录，朱巧娴，等，2015. 土地流转与农民收入增长、农户最优经营规模研究：以湖北、江西山地丘陵区为例 [J]. 农业现代化研究，36（3）：368-373.

郝爱民，2013. 农业生产性服务业对农业的外溢效应与条件研究 [J]. 南方经济，31（5）：38-48.

郝枫，2015. 超越对数函数要素替代弹性公式修正与估计方法比较 [J]. 数量经济技术经济研究，32（4）：88-105，122.

贺雪峰，2011. 取消农业税后农村的阶层及其分析 [J]. 社会科学，33（3）：70-79.

贺振华，2003. 农村土地流转的效率分析 [J]. 改革，16（4）：87-92.

洪仁彪，张忠明，2013. 农民职业化的国际经验与启示 [J]. 农业经济问题，34（5）：88-92，112.

胡瑞卿，张岳恒，2007. 不同目标下耕地流转的理论与实证分析 [J]. 中国农村经济，23（1）：36-44.

黄季焜，马恒运，2000. 差在经营规模上：中国主要农产品生产成本国际比较 [J]. 国际贸易，19（4）：41-44.

黄宗智，彭玉生，2007. 三大历史性变迁的交汇与中国小规模农业的前景 [J]. 中国社会科学，28（4）：74-88，205-206.

黄祖辉，陈欣欣，1998. 农户粮田规模经营效率：实证分析与若干结论 [J]. 农业经济问题，19（11）：3-8.

姜长云，2011. 农业生产性服务业发展的模式、机制与政策研究 [J]. 经济研究参考，33（51）：2-25.

姜松，王钊，2012. 土地流转、适度规模经营与农民增收：基于重庆市数据实证 [J]. 软科学，26（9）：75-79.

蒋和平，蒋辉，2014. 农业适度规模经营的实现路径研究 [J]. 农业经济与管理，5（1）：5-11.

孔祥智，2016. 农业供给侧结构性改革的基本内涵与政策建议 [J]. 改革，29（2）：104-115.

郎秀云，2013. 家庭农场：国际经验与启示：以法国、日本发展家庭农场为例 [J]. 毛泽东邓小平理论研究，20（10）：36-41，91.

李谷成，冯中朝，范丽霞，2010. 小农户真的更加具有效率吗？：来自湖北省的经验证据 [J]. 经济学（季刊），9（1）：95-124.

李文明，罗丹，陈洁，等，2015. 农业适度规模经营：规模效益、产出水平与生产成本：基于 1552 个水稻种植户的调查数据 [J]. 中国农村经济，31（3）：4-17，43.

李宪宝，高强，2013. 行为逻辑、分化结果与发展前景：对 1978 年以来我国农户分化行为的考察 [J]. 农业经济问题，34（2）：56-65，111.

李相宏，2003. 农业规模经营模式分析 [J]. 农业经济问题，24（8）：48-51，80.

李逸波，彭建强，2014. 农民职业分化的微观影响因素实证分析：基于分化程度与城乡选择的二重角度 [J]. 中国农村观察，35（3）：42-51.

李颖明，王旭，刘扬，2015. 农业生产性服务对农地经营规模的影响 [J]. 中国农学通报，31（35）：264-272.

李志俊，2014. 中国农业要素的替代弹性：人力资本的作用及农业技术变迁 [J]. 财经论丛，30（7）：10-15.

李忠国，2005. 农业适度规模经营实现形式若干问题的思考 [J]. 农村经营管理，23（11）：22-23，48.

李竹转，2003. 美国农地制度对我国农地制度改革的启示 [J]. 生产力研究，18（2）：181-182.

廖西元，申红芳，王志刚，2011. 中国特色农业规模经营"三步走"战略：从"生产环节流转"到"经营权流转"再到"承包权流转" [J]. 农业经济问题，35（12）：15-22.

林善浪，2005. 农户土地规模经营的意愿和行为特征：基于福建省和江西省 224 个农户问卷调查的分析 [J]. 福建师范大学学报（哲学社会科学版），50（3）：15-20.

刘长庚，王迎春，2012. 我国农民收入差距变化趋势及其结构分解的实证研究 [J]. 经济学家，24（11）：68-75.

刘朝旭，刘黎明，彭倩，2012. 南方双季稻区农户水稻种植模式的决策行为分析：基于湖南省长沙县农户调查的实证研究 [J]. 资源科学，34（12）：2234-2241.

刘承芳，张林秀，樊胜根，2002. 农户农业生产性投资影响因素研究：对江苏省六个县市的实证分析 [J]. 中国农村观察，23（4）：34-42，80.

刘德娟，周琼，曾玉荣，2015. 日本农业经营主体培育的政策调整及其启示 [J]. 农业经济问题，36（9）：104-109，112.

刘凤芹，2006. 农业土地规模经营的条件与效果研究：以东北农村为例 [J]. 管理世界，22（9）：71-79，171-172.

刘洪仁，2009. 世纪初农民分化的实证追踪研究：以山东省为例 [J]. 农业经济问题，30（5）：55-62，111.

刘强，杨万江，2016. 农户行为视角下农业生产性服务对土地规模经营的影响 [J]. 中国农业大学学报，33（9）：188-197.

刘荣茂，马林靖，2006. 农户农业生产性投资行为的影响因素分析：以南京市五县区为例的实证研究 [J]. 农业经济问题，27（12）：22-26.

刘莹，黄季焜，2010. 农户多目标种植决策模型与目标权重的估计 [J]. 经济研究，45（1）：148-157，160.

刘忠，黄峰，李保国，2013. 2003—2011 年中国粮食增产的贡献因素分析 [J]. 农业工程学报，29（23）：1-8.

楼栋，孔祥智，2013. 新型农业经营主体的多维发展形式和现实观照 [J]. 改革，26（2）：65-77.

陆学艺，2004. 当代中国社会流动 [M]. 北京：社会科学文献出版社.

罗必良，2000. 农地经营规模的效率决定 [J]. 中国农村观察，21（5）：18-24，80.

罗必良，2014. 农业经营制度的理论轨迹及其方向创新：川省个案 [J]. 改革，
　　27（2）：96-112.

罗必良，何应龙，汪沙，等，2012. 土地承包经营权：农户退出意愿及其影
　　响因素分析：基于广东省的农户问卷 [J]. 中国农村经济，28（6）：4-19.

罗丹，李文明，陈洁，2013. 种粮效益：差异化特征与政策意蕴：基于 3400
　　个种粮户的调查 [J]. 管理世界，29（7）：59-70.

吕晨光，杨继瑞，谢菁，2013. 农业适度规模经营研究：以山西省为例 [J].
　　统计与决策，29（20）：135-138.

马志雄，丁士军，陈风波，2012. 地块特征对水稻种植模式采用的影响研究：
　　基于长江中下游四省农户的调查 [J]. 农业技术经济，31（9）：11-18.

毛飞，孔祥智，2012. 农地规模化流转的制约因素分析 [J]. 农业技术经济，
　　31（4）：52-64.

冒佩华，徐骥，2015. 农地制度、土地经营权流转与农民收入增长 [J]. 管理
　　世界，31（5）：63-74，88.

梅建明，2002. 再论农地适度规模经营：兼评当前流行的"土地规模经营危
　　害论" [J]. 中国农村经济，18（9）：31-35.

梅勒，1996. 农业发展经济学 [M]. 北京：北京农业大学出版社 .

聂建亮，钟涨宝，2014. 农户分化程度对农地流转行为及规模的影响 [J]. 资
　　源科学，36（4）：749-757.

农业部经管司，经管总站研究组，2013. 构建新型农业经营体系　稳步推进
　　适度规模经营："中国农村经营体制机制改革创新问题"之一 [J]. 毛泽东邓
　　小平理论研究，20（6）：38-45，91.

潘璐，2012. "小农"思潮回顾及其当代论辩 [J]. 中国农业大学学报（社会科
　　学版），29（2）：34-48.

彭代彦，郭更臣，颜军梅，2013. 中国农业生产资料价格上涨原因的变结构
　　协整分析 [J]. 中国农村经济，29（6）：48-59，85.

彭克强，2009. 中国粮食生产收益及其影响因素的协整分析：以 1984—2007
　　年稻谷、小麦、玉米为例 [J]. 中国农村经济，25（6）：13-26.

齐城，2008. 农村劳动力转移与土地适度规模经营实证分析：以河南省信阳市为例 [J]. 农业经济问题，29（4）：38-41.

钱贵霞，李宁辉，2006. 粮食生产经营规模与粮农收入的研究 [J]. 农业经济问题，27（6）：57-60.

钱克明，彭廷军，2013. 关于现代农业经营主体的调研报告 [J]. 农业经济问题，34（6）：4-7，110.

钱克明，彭廷军，2014. 我国农户粮食生产适度规模的经济学分析 [J]. 农业经济问题，35（3）：4-7，110.

钱文荣，张忠明，2007. 农民土地意愿经营规模影响因素实证研究：基于长江中下游区域的调查分析 [J]. 农业经济问题，28（5）：28-34，110.

申红芳，陈超，廖西元，等，2015. 稻农生产环节外包行为分析：基于7省21县的调查 [J]. 中国农村经济，31（5）：44-57.

沈贵银，2009. 探索现代农业多元化规模经营制度：对十七届三中全会关于农村基本经营制度创新有关问题的思考 [J]. 农业经济问题，30（5）：17-19.

石晓平，郎海如，2013. 农地经营规模与农业生产率研究综述 [J]. 南京农业大学学报（社会科学版），13（2）：76-84.

宋莉莉，王秀东，刘旭，2014. 我国农户收入及其差异的影响因素实证分析：基于收入决定方程和夏普里值分解方法 [J]. 中国农业科技导报，16（1）：163-171.

宋亚平，2013. 规模经营是农业现代化的必由之路吗？ [J]. 江汉论坛，56（4）：5-9.

苏群，陈杰，2014. 农民专业合作社对稻农增收效果分析：以江苏省海安县水稻合作社为例 [J]. 农业技术经济，33（8）：93-99.

苏群，汪霏菲，陈杰，2016. 农户分化与土地流转行为 [J]. 资源科学，38（3）：377-386.

汤建尧，曾福生，2014. 经营主体的农地适度规模经营绩效与启示 [J]. 经济地理，34（5）：134-138.

陶长琪，王志平，2011. 随机前沿方法的研究进展与展望 [J]. 数量经济技术经济研究，28（11）：148-161.

陶林，2009. 制度绩效与制度创新：改革开放三十年的农村土地制度审视 [J]. 经济研究导刊，5（3）：49-50.

滕淑娜，顾銮斋，2011. 法国农业经济政策的历史考察 [J]. 史学集刊，56（4）：80-88.

万广华，2006. 经济发展与收入不均等：方法和证据 [M]. 上海：上海人民出版社.

万广华，2009. 不平等的度量与分解 [J]. 经济学，8（1）：347-368.

万广华，程恩江，1996. 规模经济、土地细碎化与我国的粮食生产 [J]. 中国农村观察，17（3）：31-36，64.

万广华，周章跃，陆迁，2005. 中国农村收入不平等：运用农户数据的回归分解 [J]. 中国农村经济，21（5）：4-11.

万能，原新，2009. 1978 年以来中国农民的阶层分化：回顾与反思 [J]. 中国农村观察，30（4）：65-73.

汪亚雄，1997. 南方农业适度规模经营分析 [J]. 统计与决策，13（5）：21-23.

王春超，2009. 中国农户就业决策行为的发生机制：基于农户家庭调查的理论与实证 [J]. 管理世界，25（7）：93-102.

王福林，索瑞霞，章磷，等，2010. 种植业机械化程度与劳动力需求的关系模型 [J]. 农业工程学报，26（9）：181-184.

王建英，陈志钢，黄祖辉，等，2015. 转型时期土地生产率与农户经营规模关系再考察 [J]. 管理世界，31（9）：65-81.

王志刚，申红芳，廖西元，2011. 农业规模经营：从生产环节外包开始：以水稻为例 [J]. 中国农村经济，27（9）：4-12.

卫新，毛小报，王美清，2003. 浙江省农户土地规模经营实证分析 [J]. 中国农村经济，19（10）：31-36.

温忠麟，叶宝娟，2014. 中介效应分析：方法和模型发展 [J]. 心理科学进展，22（5）：731-745.

翁贞林，2008. 农户理论与应用研究进展与述评 [J]. 农业经济问题，29（8）：93-100.

吴丽丽，李谷成，周晓时，2016. 中国粮食生产要素之间的替代关系研究：基于劳动力成本上升的背景 [J]. 中南财经政法大学学报，59（2）：140-148，160.

吴杨，2007. 我国农产品的国际竞争力评价及实证分析 [J]. 国际商务（对外经济贸易大学学报），21（1）：48-53.

肖皓，刘姝，杨翠红，2014. 农产品价格上涨的供给因素分析：基于成本传导能力的视角 [J]. 农业技术经济，33（6）：80-91.

谢花林，刘桂英，2015. 1998—2012 年中国耕地复种指数时空差异及动因 [J]. 地理学报，70（4）：604-614.

徐磊，张峭，2011. 中国粮食主产区粮食生产风险度量与分析 [J]. 统计与决策，27（21）：110-112.

许恒周，郭玉燕，吴冠岑，2012. 农民分化对耕地利用效率的影响：基于农户调查数据的实证分析 [J]. 中国农村经济，28（6）：31-39，47.

许恒周，石淑芹，2012. 农民分化对农户农地流转意愿的影响研究 [J]. 中国人口 . 资源与环境，22（9）：90-96.

许庆，田士超，徐志刚，等，2008. 农地制度、土地细碎化与农民收入不平等 [J]. 经济研究，43（2）：83-92，105.

许庆，尹荣梁，章辉，2011. 规模经济、规模报酬与农业适度规模经营：基于我国粮食生产的实证研究 [J]. 经济研究，46（3）：59-71，94.

许月明，2006. 土地规模经营制约因素分析 [J]. 农业经济问题，27（9）：13-17.

薛亮，2008. 从农业规模经营看中国特色农业现代化道路 [J]. 农业经济问题，29（6）：4-9，110.

杨钢桥，胡柳，汪文雄，2011. 农户耕地经营适度规模及其绩效研究：基于湖北 6 县市农户调查的实证分析 [J]. 资源科学，33（3）：505-512.

杨国玉，郝秀英，2005. 关于农业规模经营的理论思考 [J]. 经济问题，27（12）：42-45.

杨万江，2011. 稻米产业经济发展研究（2011 年）[M]. 北京：科学出版社.

杨万江，2015. 稻米产业经济发展研究（2015 年）[M]. 杭州：浙江大学出版社.

曾玉珍，穆月英，2011. 农业风险分类及风险管理工具适用性分析 [J]. 经济
经纬，28（2）：128-132.

张海亮，吴楚材，1998. 江浙农业规模经营条件和适度规模确定 [J]. 经济地
理，18（1）：85-90.

张海鑫，杨钢桥，2012. 耕地细碎化及其对粮食生产技术效率的影响：基于
超越对数随机前沿生产函数与农户微观数据 [J]. 资源科学，34（5）：903-
910.

张红宇，2005. 论当前农地制度创新 [J]. 经济与管理研究，26（8）：6-10.

张丽丽，张丹，朱俊峰，2013. 中国小麦主产区农地经营规模与效率的实证
研究：基于山东、河南、河北三省的问卷调查 [J]. 中国农学通报，29（17）：
85-89.

张士云，江激宇，栾敬东，等，2014. 美国和日本农业规模化经营进程分析
及启示 [J]. 农业经济问题，35（1）：101-109，112.

张侠，葛向东，彭补拙，2002. 土地经营适度规模的初步研究 [J]. 经济地理，
22（3）：351-355.

张先兵，2012. 中国农村土地适度规模经营面临的主要问题与思考 [J]. 生产
力研究，27（10）：37-39.

张晓敏，姜长云，2015. 不同类型农户对农业生产性服务的供给评价和需求
意愿 [J]. 经济与管理研究，36（8）：70-76.

张新光，2009. 农业资本主义演进的法国式道路及其新发展 [J]. 学海，20（2）：
104-111.

张云华，2016. 家庭农场是农业经营方式的主流方向：发展家庭农场的国际
经验及对我国的启示 [J]. 农村工作通讯，61（20）：24-27.

张照新，赵海，2013. 新型农业经营主体的困境摆脱及其体制机制创新 [J].
改革，26（2）：78-87.

张忠军，易中懿，2015. 农业生产性服务外包对水稻生产率的影响研究：基
于 358 个农户的实证分析 [J]. 农业经济问题，36（10）：69-76.

赵宝福，黄振国，2015. 农户收入决定及其区域差异：基于 2011 年中国社会状况综合调查数据的实证分析 [J]. 商业研究，58（1）：97-103.

赵亮，张世伟，2011. 农村内部收入不平等变动的成因：基于回归分解的研究途径 [J]. 人口学刊，33（5）：50-57.

赵晓峰，何慧丽，2012. 农村社会阶层分化对农民专业合作社发展的影响机制分析 [J]. 农业经济问题，33（12）：38-43，110.

赵晓峰，张永辉，霍学喜，2012. 农业结构调整对农户家庭收入影响的实证分析 [J]. 中南财经政法大学学报，55（5）：127-133，144.

郑风田，2000. 制度变迁与中国农民经济行为 [M]. 北京：中国农业科技出版社.

钟甫宁，纪月清，2009. 土地产权、非农就业机会与农户农业生产投资 [J]. 经济研究，44（12）：43-51.

周雪松，刘颖，2012. 中国农民收入结构演变及其启示 [J]. 中国农学通报，28（14）：210-213.

周应恒，胡凌啸，严斌剑，2015. 农业经营主体和经营规模演化的国际经验分析 [J]. 中国农村经济，31（9）：80-95.

朱德峰，程式华，张玉屏，等，2010. 全球水稻生产现状与制约因素分析 [J]. 中国农业科学，43（3）：474-479.

朱学新，2013. 法国家庭农场的发展经验及其对我国的启示 [J]. 农村经济，31（11）：122-126.

朱颖，2012. 规模经营、专业合作社与粮食供给机制的现实因应 [J]. 改革，25（1）：41-49.

庄丽娟，贺梅英，张杰，2011. 农业生产性服务需求意愿及影响因素分析：以广东省 450 户荔枝生产者的调查为例 [J]. 中国农村经济，27（3）：70-78.

AIGNER D，LOVELL C K，SCHMIDT P，1977. Formulation and estimation of stochastic frontier production function models [J]. Journal of Econometrics，6（1）：21-37.

ASSUNCAO J J, GHATAK M, 2003. Can unobserved heterogeneity in farmer ability explain the inverse relationship between farm size and productivity [J]. Economics Letters, 80（2）: 189-194.

ATKINSON A B, 1970. On the measurement of inequality [J]. Journal of Economic Theory, 2（3）: 244-263.

AVNER A, KIMHI A, 2002. Off-farm work and capital accumulation decisions of farmers over the life-cycle: the role of heterogeneity and state dependence [J]. Journal of Development Economics, 68（2）: 329-353.

BARRETT C B, 1996. On price risk and the inverse farm size-productivity relationship [J]. Journal of Development Economics, 51（2）: 193-215.

BATTESE G E, 1992. Frontier production functions and technical efficiency: a survey of empirical applications in agricultural economics [J]. Agricultural Economics, 7（3）: 185-208.

BATTESE G E, COELLI T J, 1995. A model for technical inefficiency effects in a stochastic frontier production function for panel data [J]. Empirical Economics, 20（2）: 325-332.

BENJAMIN D, 1995. Can unobserved land quality explain the inverse productivity relationship? [J]. Journal of Development Economics, 46（1）: 51-84.

BLINDER A S, 1973. Wage discrimination: Reduced form and structural estimates [J]. Journal of Human Resources, 8（4）: 436-455.

BOUCHARD D, CHEN X, ANDERSON G, et al., 2015. Evaluating cost of production of maine dairy farms using an on-site interview[C]. San Francisco, California: AAEA&WAEA Joint Annual Meeting.

BRAVO-URETA B E, RIEGER L, 1990. Alternative production frontier methodologies and dairy farm efficiency [J]. Journal of Agricultural Economics, 41（2）: 215-226.

CARTER M R, 1984. Identification of the inverse relationship between farm size and productivity: an empirical analysis of peasant agricultural production [J]. Oxford Economic Papers, 36（1）: 131-145.

CASE K E, FAIR R C, 2006. Principles of microeconomics[M]. Upper Saddle River, New Jersey: Pearson Education.

CHAIANOV A V, CHAYANOV A V, THORNER D, et al., 1986. AV Chayanov on the theory of peasant economy[M]. Manchester:Manchester University Press.

COELLI T, 1995. Estimators and hypothesis tests for a stochastic frontier function: a Monte Carlo analysis [J]. Journal of Productivity Analysis, 6（3）: 247-268.

COHN E, 1992. Returns to scale and economies of scale revisited [J]. The Journal of Economic Education, 23（2）: 123-124.

CORNIA G A, 1985. Farm size, land yields and the agricultural production function: an analysis for fifteen developing countries [J]. World Development, 13（4）: 513-534.

COWELL F A, 2000. Measurement of inequality [Z]. Handbook of Income Distribution: 87-166.

DEVENDRA C, THOMAS D, 2002. Smallholder farming systems in Asia [J]. Agricultural Systems, 71（1）: 17-25.

ELLIS F, 1993. Peasant economics: farm households in agrarian development[M]. Cambridge:Cambridge University Press.

FAN S, CHAN-KANG C, 2005. Is small beautiful? Farm size, productivity, and poverty in Asian agriculture [J]. Agricultural Economics, 32（S1）: 135-146.

FARRELL M J, 1957. The measurement of productive efficiency [J]. Journal of the Royal Statistical Society. Series A（General）, 120（3）: 253-290.

FEDER G, 1980. Farm size, risk aversion and the adoption of new technology under uncertainty [J]. Oxford Economic Papers, 32（2）: 263-283.

FEDER G, 1985. The relation between farm size and farm productivity: the role of family labor, supervision and credit constraints [J]. Journal of Development Economics, 18（2）: 297-313.

FIELDS G S, 2003. Accounting for income inequality and its change: a new method, with application to the distribution of earnings in the United States [J]. Research in Labor Economics, 22（3）: 1-38.

GREENE W, 2005. Fixed and random effects in stochastic frontier models [J]. Journal of Productivity Analysis, 23（1）: 7-32.

GUO H, JI C, JIN S, et al., 2015. Outsourcing agricultural production: evidence from rice farmers in Zhejiang province[C].San Francisco, California: AAEA&WAEA Joint Annual Meeting.

HAO H, LI X, ZHANG J, 2013. Impacts of part-time farming on agricultural land use in ecologically-vulnerable areas in North China [J]. Journal of Resources and Ecology, 4（1）: 70-79.

HARWOOD J L, HEIFNER R, COBLE K, et al., 1999. Managing risk in farming: concepts, research, and analysis[R]. Washington, DC:US Department of Agriculture, Economic Research Service.

HELFAND S M, LEVINE E S, 2004. Farm size and the determinants of productive efficiency in the Brazilian Center-West [J]. Agricultural Economics, 31（2/3）: 241-249.

HELTBERG R, 1998. Rural market imperfections and the farm size: productivity relationship: Evidence from Pakistan [J]. World Development, 26（10）: 1807-1826.

HESTON A, KUMAR D, 1983. The persistence of land fragmentation in peasant agriculture: an analysis of South Asian cases [J]. Explorations in Economic History, 20（2）: 199-220.

HU W, 1997. Household land tenure reform in China: it's impact on farming land use and agro-environment [J]. Land Use Policy, 14（3）: 175-186.

JOHNSTON B F, MELLOR J W, 1961. The role of agriculture in economic development [J]. The American Economic Review, 51（4）: 566-593.

KIM M K, PANG A, 2009. Climate change impact on rice yield and production risk [J]. Journal of Rural Development, 32（2）: 17-29.

KOENKER R, BASSETT G, 1978. Regression quantiles [J]. Econometrica: Journal of the Econometric Society, 46（1）: 33-50.

KUMBHAKAR S C, GHOSH S, MCGUCKIN J T, 1991. A generalized production frontier approach for estimating determinants of inefficiency in US dairy farms [J]. Journal of Business & Economic Statistics, 9（3）: 279-286.

KUMBHAKAR S C, LOVELL C K, 2003. Stochastic frontier analysis[M]. Cambridge University Press.

KUMBHAKAR S C, WANG H, 2006. Estimation of technical and allocative inefficiency: a primal system approach [J]. Journal of Econometrics, 134（2）: 419-440.

LAMB R L, 2003. Inverse productivity: land quality, labor markets, and measurement error [J]. Journal of Development Economics, 71（1）: 71-95.

LIPTON M, 1968. The theory of the optimizing peasant [J]. Journal of Development Studies, 4（3）: 327-351.

MACDONALD J M, KORB P, HOPPE R A, 2013. Farm size and the organization of US crop farming[R]. Washington, DC: US Department of Agriculture, Economic Research Service.

MCFADDEN D, 1963. Constant elasticity of substitution production functions [J]. The Review of Economic Studies, 30（2）: 73-83.

MEEUSEN W, VAN DEN BROECK J, 1977. Efficiency estimation from Cobb-Douglas production functions with composed error [J]. International Economic Review, 18（2）: 435-444.

MENAPACE L, COLSON G, RAFFAELLI R, 2013. Risk aversion, subjective beliefs, and farmer risk management strategies [J]. American Journal of Agricultural Economics, 95 (2): 384-389.

MINCER J, 1974. Schooling, experience, and earnings [M]. New York:Columbia University Press:218-223.

MISHRA A K, GOODWIN B K, 1997. Farm income variability and the supply of off-farm labor [J]. American Journal of Agricultural Economics, 79 (3): 880-887.

MORDUCH J, SICULAR T, 2002. Rethinking inequality decomposition, with evidence from rural China [J]. The Economic Journal, 112 (476): 93-106.

MOSCHINI G, HENNESSY D A, 2001. Uncertainty, risk aversion, and risk management for agricultural producers [Z]. Handbook of Agricultural Economics:87-153.

NEWELL A, PANDYA K, SYMONS J, 1997. Farm size and the intensity of land use in Gujarat [J]. Oxford Economic Papers, 49 (2): 307-315.

NGUYEN T, CHENG E, FINDLAY C, 1996. Land fragmentation and farm productivity in China in the 1990s [J]. China Economic Review, 7 (2): 169-180.

OAXACA R, 1973. Male-female wage differentials in urban labor markets [J]. International Economic Review, 14 (3): 693-709.

PICAZO-TADEO A J, WALL A, 2011. Production risk, risk aversion and the determination of risk attitudes among Spanish rice producers [J]. Agricultural Economics, 42 (4): 451-464.

POPKIN S L, 1979. The rational peasant: The political economy of rural society in Vietnam[M]. California:University of California Press.

RAHMAN S, RAHMAN M, 2009. Impact of land fragmentation and resource ownership on productivity and efficiency: The case of rice producers in Bangladesh [J]. Land Use Policy, 26 (1): 95-103.

RAYNER A J, INGERSENT K, 1991. Institutional and technical change in agriculture [J]. Current Issues in Development Economics. Basingstoke: Macmillan: 23-49.

SCHULTZ T W, 1964. Transforming traditional agriculture[M]. New Haven:Yale University Press.

SEN A, 1973. On economic inequality[M]. New York: Oxford University Press.

SEN A K, 1962. An aspect of Indian agriculture [J]. Economic Weekly, 14 (4/5/6) : 243-246.

SHENG Y, DAVIDSON A, FUGLIE K, et al., 2016. Input substitution, productivity performance and farm size [J]. Australian Journal of Agricultural and Resource Economics, 60 (3) : 327-347.

SHEPHERD R W, 2015. Theory of cost and production functions[M]. New Jersey:Princeton University Press.

SHORROCKS A F, 1984. Inequality decomposition by population subgroups [J]. Econometrica: Journal of the Econometric Society, 52 (6) : 1369-1385.

SHORROCKS A F, 2013. Decomposition procedures for distributional analysis: a unified framework based on the Shapley value [J]. Journal of Economic Inequality, 11 (1) : 99-126.

TAN S, HEERINK N, KRUSEMAN G, et al., 2008. Do fragmented landholdings have higher production costs? Evidence from rice farmers in Northeastern Jiangxi province, PR China [J]. China Economic Review, 19(3): 347-358.

TAN S, HEERINK N, QU F, 2006. Land fragmentation and its driving forces in China [J]. Land Use Policy, 23 (3) : 272-285.

TODARO M P, 1989. Economic development in the third world[M]. New York: Longman.

VAN DEN BERG M M, HENGSDIJK H, WOLF J, et al., 2007. The impact of increasing farm size and mechanization on rural income and rice production in Zhejiang province, China [J]. Agricultural Systems, 94 (3) : 841-850.

VERSCHELDE M, D'HAESE M, RAYP G, et al., 2013. Challenging small-scale farming: a non-parametric analysis of the (inverse) relationship between farm productivity and farm size in Burundi [J]. Journal of Agricultural Economics, 64 (2) : 319-342.

VILLANO R, FLEMING E, 2006. Technical inefficiency and production risk in rice farming: Evidence from Central Luzon Philippines [J]. Asian Economic Journal, 20 (1) : 29-46.

WAN G H, CHENG E, 2001. Effects of land fragmentation and returns to scale in the Chinese farming sector [J]. Applied Economics, 33 (2) : 183-194.

WANG H J, 2002. Heteroscedasticity and non-monotonic efficiency effects of a stochastic frontier model [J]. Journal of Productivity Analysis, 18 (3) : 241-253.

WOOLDRIDGE J M, 2010. Econometric analysis of cross section and panel data[M]. Boston:MIT Press.

WU Z, LIU M, DAVIS J, 2005. Land consolidation and productivity in Chinese household crop production [J]. China Economic Review, 16 (1) : 28-49.

YOUNG A, 1770. The Farmer's guide in hiring and stocking farms[M]. London: Forgotten Books.

ZHANG Q F, DONALDSON J A, 2010. From peasants to farmers: peasant differentiation, labor regimes, and land-rights institutions in China's agrarian transition [J]. Politics & Society, 38 (4) : 458-489.

附　录

附表 1　2013 年样本省份水稻生产的一般情况

样本省份	播种面积 / 千公顷	产量 / 万吨	单产 / 千克每亩
福建	817.5	502	409
广东	1908.8	1045	365
广西	2046.6	1156.2	377
贵州	684.5	361.3	352
海南	311.9	149.8	320
黑龙江	3175.6	2220.6	466
湖北	2101.2	1676.6	532
湖南	4085	2561.5	418
江苏	2265.7	1922.3	566
江西	3338	2004	400
四川	1990.7	1549.5	519
浙江	828.7	580.2	467
样本平均	30311.7	20361.2	448

数据来源:《中国统计年鉴 2014》。

附表 2　2013 年样本省份水稻生产占粮食生产比重

样本省份	面积占比 /%	产量占比 /%
福建	68.0	75.6
广东	76.1	79.4
广西	66.5	76.0
贵州	21.9	35.1
海南	73.9	78.5
黑龙江	27.5	37.0
湖北	49.3	67.0
湖南	82.8	87.6
江苏	42.3	56.2
江西	90.4	94.7
四川	30.8	45.7
浙江	66.1	79.1
样本平均	27.1	33.8

数据来源:《中国统计年鉴 2014》。

附表3 水稻产业经济农户调查简表

____省____市___县____乡镇____村

调查员_____；____年___月___日；问卷编号_____

调查情况			备注
基本情况	受访者	■姓名___。■性别=1男，0女。■是否户主=1是，0否。■户主年龄___（周岁）。■户主种稻年数___（年）。■户主是否身体健康=1是，0否。■户主文化程度=0文盲，1小学，2初中，3高中或中专，4专科，5大学及以上。■户主是否喜爱种稻=1是，0否	
	家庭经营	■人口总数___（人）。■劳动力___（人），非农劳力___（人），种稻劳力___（人）。■去年总收入___（万元），农业收入占比___（%）。■家庭人均纯收入___（元），你家在村里属于=1（上），2（中上），3（中下），4（下），5（很差）。■承包总面积___（亩），其中耕地___（亩）。■经营总面积___（亩），其中耕地___（亩），耕地田块___（块）。■农作总面积___（亩），其中水稻面积___（亩），稻田块数___（块）	
水稻生产与技术	水稻类型	■以前是否种过双季稻=1是，0否。■去年是否种过双季稻=1是，0否。■早稻面积___（亩），田块___（块），总产量___（公斤）；主栽早稻品种名称___；是否杂交稻=1是，0否，2不知道；种植了___（年）；熟悉该品种生产特性=1是，0否；该稻作技术是否主要靠自己=1是，0否。■中稻/晚稻面积___（亩），田块___（块），总产量___（公斤）中稻/晚稻品种名称___；是否杂交稻=1是，0否，2不知道；种植了___（年）；是否熟悉该品种生产特性=1是，0否；该稻作技术是否主要靠自己=1是，0否	
	水稻技术	■是否实行驻村农技员制度=1是，0否。■技术员来自=1乡镇，2县市，3其他。■是否指导稻作技术=1是，0否。■指导内容=1病虫害防治，2=水肥管理。■技术员指导效果=1好，0一般，−1差。■主要技术来源=农技员（），村干部（），媒体（），农业部门（），邻居亲朋（）。■去年是否参加水稻技术培训=1是，0否；培训___（次）；前年培训___（次）	

		调查情况	备注
水稻投入产出	水稻投入	■用种量　（公斤），种苗费　（元）。■化肥量　（公斤），农家肥　（公斤），肥料费　（元）。■农药用量　（公斤），农药费　（元）。■是否自有稻作机械 =1 是，0 否。■是否畜力稻作 =1 是，0 否；畜力费　（元）。■机械作业整田（　），机插（　），机收（　），机烘（　），用机费用　（元）。■机械燃动修理折旧费　（元）。■雇工量　（人日），工价　（元 / 日），雇工费　（元）。■自家工　（人日）。■用水与排灌费　（元）。■是否租入稻田 =1 是，0 否，租入　（亩），租期　（年），承租费　（元）。■交稻作分摊费　（元）。■交技术服务费　（元）。■总成本　（元 / 亩），稻作其他成本　（元 / 亩）。■估计你家去年水稻净赚　（元 / 亩）。	
	水稻产出	■早稻销售量　（公斤），售价　（元 / 公斤）；中稻 / 晚稻销售量　（公斤），售价　（元 / 公斤）。■留种　（公斤）；留口粮　（公斤），其中早稻　（公斤）和中稻 / 晚稻　（公斤）；留饲料　（公斤）。■留用口粮是否满足自家一年消费 =1 是，0 否。■去年购买口粮大米　（公斤），购买单价　（元 / 公斤）	
	水稻销售	■是否订单销售 =1 是，0 否；订单量比重　（%）。■销售渠道 =1 粮站　（%），售价　（元 / 公斤）；2 小贩　（%），售价　（元 / 公斤）；3 市场　（%），售价　（元 / 公斤）；4 加工企业　（%），售价　（元 / 公斤）。■上门收购稻谷量占　（%）。■中稻 / 晚稻晒干后到实际销售的时间　（天）	
水稻经营管理	经营管理	■是否农民专业合作社社员 =1 是，0 否；■稻作中是否接受其他社会化服务 =1 是，0 否；主要内容 = 种子种苗（　），化肥（　），农药（　），农膜（　），耕作（　），栽插（　），田管（　），收割（　），烘干（　），储存（　），销售（　），信息咨询（　）。■水稻生产资金是否缺乏 =1 是，0 否。■水稻生产资金来源 =1 自有，0 贷款。■是否有专用生产资料仓库 =1 有，0 无。■是否有专用谷仓 =1 有，0 无	
	经营认知	■你家种稻目的 = 盈利（　），高产（　），口粮（　），不种可惜（　），强迫（　），其他（　）。■种稻是否需要专业技术 =1 是，0 否。■种稻是否需要经营管理知识 =1 是，0 否。■自己是否具备水稻经营管理能力 =1 是，0 否。■是否需要水稻经营管理知识培训 =1 是，0 否	
	政策意识	■是否满意国家水稻政策 =1 是，0 否。■是否满意县和乡镇水稻政策 =1 是，0 否。■今年水稻各级补贴　元 / 亩，去年补贴　元 / 亩，预期明年补贴　元 / 亩。■对水稻补贴金额是否满意 =1 是，0 否。■对补贴方式是否满意 =1 是，0 否。■当地是否实行水稻保险 =1 是，0 否；你家是否已经加入 =1 是，0 否。■是否应加强水稻保险 =1 是，0 否。■今年水稻种植面积计划 =0 不变，1 扩大，2 缩小，3 退出	

注：在标记上打"√"或填数字。面积尽量保留小数。

索　引